KB033918

데이터 아키텍처
전문가가 되는 방법

데이터 아키텍처 전문가가 되는 방법

초판 1쇄 인쇄   2018년 9월 14일

초판 1쇄 발행   2018년 9월 24일

지 은 이   최수진

펴 낸 이   최수진

펴 낸 곳   세나북스

출판등록   2015년 2월 10일 제300-2015-10호

주   소   서울시 종로구 통일로 18길 9

홈페이지   http://blog.naver.com/banny74

이 메 일   banny74@naver.com

전화번호   02-737-6290

팩   스   02-6442-5438

I S B N   979-11-87316-30-5 13500

이 도서의 국립중앙도서관 출판예정도서목록(CIP)은 서지정보유통지원시스템
홈페이지(http://seoji.nl.go.kr)와 국가자료공동목록시스템(http://www.
nl.go.kr/kolisnet)에서 이용하실 수 있습니다.
(CIP제어번호 : CIP2018029301)

데이터 아키텍처
전문가가 되는 방법

최수진 지음

세나북스

누구나 데이터 아키텍처 전문가가
될 수 있습니다

"정말 저는 '이것 아니면 안 된다' '무엇이 돼야겠다' '다음엔 이걸 해야겠다'고 생각한 적은 한 번도 없어요. 그저 오늘 나에게 주어진 일을 열심히 했을 뿐이에요."

재즈 가수 20년, 월드 스타 나윤선이 한 신문과의 인터뷰에서 한 말이다. 그렇다. 인생이 어떻게 우리가 생각하는 대로만 흘러가겠는가. 하루하루 열심히 살다 보면 새로운 길이 보이기도 하고 우연히 좋은 기회가 찾아오기도 한다.

일하면서 가장 많이 받는 질문은 어떻게 데이터 아키텍처 전문가, 컨설턴트가 되었냐는 것과 관련 회사에 들어갈 기회가 있었느냐는 것이다. 처음에는 막연히 데이터 관련 일을 하면 좋겠다고 생각하다가 나윤선 씨처럼 흘러 흘러 지금에 이르렀다. 이 일이 아니면 안 된다거나 꼭 해야겠다고 생각한 적은 없었다. 이건 잘난 척하려고 하는 말이 아니다.

나처럼 아무 생각 없던 사람도 할 수 있는 일이라면, 굳은 결심으로 나는 꼭 데이터 관련 직종에서 일하고 훌륭한 데이터 아키텍처 전문가나 데이터 아키텍처 컨설턴트가 되겠다고 마음먹는다면 이 일을 못 할 이유가 전혀 없다는 이야기를 하고자 함이다.

대학생이나 사회초년병은 직장인보다 절대적인 정보부족에 시달린다. 내가 모 대학에서 잠시 프로젝트를 수행했을 때 우리 일을 도와주던 컴퓨터 공학과

학생들이 있었다. 필드에서 경력을 쌓아 장차 데이터 아키텍처 전문가가 되겠다는 목표를 이야기하는 친구들도 있었다. 나 또한 대학 4학년 때 졸업 후의 진로를 두고 수많은 고민의 밤을 보내며 힘들었던 시기가 있었기에 가슴 한편이 뜨거워짐을 느꼈다. 나는 대학 졸업 당시, 저런 뚜렷한 목표도 없이 그저 통계학과 출신이니 IT 회사에 취직하겠다 정도만 생각했는데 요즘 젊은 친구들은 대단하다는 생각이 든다.

얼마 전 내 블로그를 보고 데이터 아키텍처 컨설턴트가 되고 싶은데 어떻게 하면 좋으냐고 메일을 보낸 학생도 대학교 2학년, 22살이었다. 어린 나이에 앞으로 하고 싶은 일을 정하고 적극적으로 정보를 찾는 모습을 보고 나도 크게 자극받았다. 취업을 앞두고 진로에 대해 고민하는 학생들을 보면서 내가 알고 경험했던 분야에 대한 글을 쓰자고 결심했다. 이 친구들이 앞으로 가고자 하는 길을 설계하는데 작은 도움이 되고 싶다.

이 책은 본질적인 이야기를 많이 다루고 있다. 데이터 아키텍처라는 용어는 앞으로 얼마나 더 존재하게 될까? 제법 긴 시간 사용하게 될 것이다. 데이터 아키텍처에 대한 기술이나 지식을 전하는 책이라기보다 데이터 아키텍처 컨설팅처럼 우리가 매일 하는 '일'에 대한 보편적인 이야기를 하고 싶었다.

이에, 최신 정보나 언젠가는 과거의 이야기가 될 시류에 편승한 정보는 최대한 배제하고 데이터 아키텍처 컨설턴트라는 일의 본질에 더욱 접근해보고자 노력했다.

이론만으로 되는 일은 아무것도 없다. 특히 데이터 아키텍처 컨설팅은 실제 업무를 해보고 스스로 많은 고민을 하고 '생각하는 힘'을 길러야만 원하는 성과를 낼 수 있다. 그렇지 않고서는 결코 업계에서 고객이 만족해 할 만한 수준에 이를 수 없다. 쉽지 않은 길이지만 일을 하면서 보람도 클것이다. 아무쪼록 이 책이 데이터 아키텍처 전문가로 성장하는데 도움이 되기를 바란다.

저자 최수진

Contents

Part 3. 데이터 아키텍처 전문가가 되기 힘든 이유

Part 4. 데이터 아키텍처 전문가가 되는 방법

Part 5. 데이터 아키텍처 전문가의 조건, 어떤 역량을 갖추어야 하나?

나가는 글

PART 1

데이터 아키텍처 전문가는 어떤 일을 하는가?

01. DA와 DA컨설팅이란 무엇인가?

DA (Data Architecture) 컨설팅이란 무엇인가? 사실 이 용어는 등장한 지 얼마 되지 않았으며 실제 IT 업무에 종사하는 사람에게도 생소하기 그지없다. (이 책에서는 편의상 '데이터 아키텍처'를 'DA'라고도 표현하겠다)

Data Architecture Professional, 즉 데이터 아키텍처 프로페셔널, 우리말로 데이터 아키텍처 전문가를 줄여서 그냥 DA라고도 부른다. (이 책에서는 혼선을 피하고자 '데이터 아키텍처 전문가', 또는 'DA전문가'라고 호칭하겠다) 데이터 전문가이며 데이터를 관리하는 관리자다. 기업의 핵심 자신인 데이터를 효율적으로 운영하기 위해 데이터 설계를 비롯해 기업의 모든 업무를 데이터 관점에서 체계화하고 데이터 품질을 관리하는 실무자를 보통 '데이터 아키텍처'라고 부르기도 한다. 하지만 대부분의 회사는 내부에 DA 전문가를 두고 일하지 않고 프로젝트를 수행하면서 외부 DA 전문가의 도움을 받아 기업의 데이터 관련 업무를 처리한다. 이러한 DA 전문가는 일반적으로 데이터 전문회사의 컨설턴트들이다.

나는 DA라는 용어를 ISP 프로젝트를 수행하면서 맨 처음 접했다. ISP란 'Information Strategy Planning'의 약자이며 최적의 정보화를 추진해가기 위한 중장기 정보화 추진 전략 계획을 수립하는 것을 의미한다. ISP에 대한 이야기는 여기서 할 것은 아니라 자세한 설명은 생략하겠다. ISP에서 DA 영역은 BA, AA, TA와 함께 하나의 큰 축을 이루고 있다.

국가공인 데이터 아키텍처 전문가, 일명 DAP라는 시험이 존재한다. 데이터 아키텍처 전문가가 하는 일은 국가공인 데이터 아키텍처 전문가 사이트의 시험 주요 내용에도 자세히 나와 있다. 실제로도 이 범위를 크게 벗어나지 않는다. 전사 아키텍처의 이해는 ISP와 연결이 되는 내용이다. 전사 아키텍처의 DA 부문이 바로 우리의 관심사인 DA 컨설팅과 관련된다.

ISP를 직접 수행해보면 전사 아키텍처에 대한 이해가 더 빠를 수 있지만, 특히 DA는 BA, AA, TA와는 확연히 구분되는 특징이 강하다. ISP 프로젝트에 세 번 참여했는데 세 번 모두 ISP를 전문적으로 하는 업체와 컨소시엄으로 프로젝트를 진행했다. 내가 다닌 회사는 데이터 아키텍처만 전문으로 하는 회사였다.

대기업의 컨설팅 회사와 두 번, 중소규모 업체와 한 번 함께 프로젝트를 수행했는데 세 번 다 DA 파트만 우리 회사의 인력을 아웃소싱한 경우였다. 그들이 자체 인력으로 ISP 프로젝트의 DA 파트를 수행할 수도 있었지만, 확실히 전문성은 떨어진다. 고객이 DA에 관심이 많고 특별한 아웃풋(결과)을 요구하는 경우, 앞서 말한 것처럼 데이터 전문회사의 인력을 별도로 고용할 수밖에 없다.

그만큼 DA 분야는 특화되고 전문성이 강한 분야라 할 수 있다. 최근에는 감리에서도 이런 경향이 보인다. 원래 모든 IT 감리 분야에 대해 일반 감리사가 진행하는데 데이터 부문의 경우 데이터 모델링이나 표준화에 대해 고객이 자세히 감리하고 싶어하는 경우가 존재한다. 이런 경우 감리사가 아니어도 전문가가 감리에 참여할 수 있다. 보통 감리회사에서 데이터 전문 업체에 인력을 의뢰한다. 그러면 섭외된 데이터 전문 컨설턴트가 데이터 전문가 자격으로 감리에 참여한다. 나도 세 번 정도 감리를 수행했는데 IT 관리시스템이 점점 더 복잡해지고 대형화되면서 데이터에 대한 관심도 증가하는 추세라 향후 이러한 데이터에 대한 전문 감리 수요도 많이 발생할 것으로 예상된다.

DA가 하는 일은 크게 세 가지로, 데이터 표준화, 데이터 모델링, 데이터 품질 관리다. DAP 시험에는 데이터베이스 설계와 이용도 포함되어 있는데 물론 이 분야도 잘 알면 좋다. 튜닝이 데이터베이스 설계와 이용에 포함되어 있는데 튜닝은 사실상 DA하고는 조금 거리가 있는 분야다. 튜닝은 데이터의 문제라기보다 작성된 SQL의 문제인 경우가 대부분이고 환경적인 영향도 일부 존재한다.

물론 데이터 전문회사에서 튜닝도 주요 업무 중 하나이며 중요하게 다루는 분야다. 엔코아컨설팅도 처음에 이 튜닝으로 수많은 기업과 사람들에게 깊은 인상을 남겼고 이렇게 쌓아올린 인지도를 바탕으로 데이터 아키텍처 회사로 발전했다. 해외 진출 시에도 데이터를 전문적으로 다룬다는 인식을 고객에게 주면서 회사 인지도를 높이는 방법으로 튜닝을 주로 이용한다. 튜닝 기술을 최전선에 두고 영업을 하는 이유는 튜닝은 가장 확실한, 눈에 보이는 결과를 보장하기 때문이다. 튜닝은 튜닝 전과 튜닝 후의 데이터베이스의 속도 차이에 대한 뚜렷한 수치 산출이 가능한 것이 큰 장점이다. 고객에게 어필하기 좋다.

하지만 이 책에서 튜닝은 일단 논외로 하고 DA 전문가, DA 컨설팅에 대해서만 다루겠다. DA로써 가장 중요한 컨설팅 역량은 세 가지, 데이터 표준화, 데이터 모델링, 그리고 데이터 품질관리다.

사실 이 세 분야도 업무 종류에 따른 표면적 분류일 뿐, DA 전문가로 성장하려면 업무적 지식 외에도 다방면의 능력이 요구된다. 나도 이러한 능력에서 모두 최고라고 자부하지는 못하지만 만 8년 동안 경험한 범위에서, 그리고 나도 공부를 하는 입장에서 그 내용을 정리하고 공유하고자 한다. 세 가지 업무 분야 중에서 가장 어렵고 많은 사람이 잘하고 싶어 하는 분야는 단연 '데이터 모델링'이다. 솔직한 의견을 말하면 데이터 모델링은 누구한테 배우거나 책만 봐서 잘하게 되지는 않는다. 아무리 데이터 컨설팅으로 유명한 회사에 입사해도 데이터 모델링을 쉽게 배울 수는 없다. 참으로 아이러니가 아닐 수 없다. 내가 이렇게 책을 쓰는 이유도 왜 이런 문제가 있는지에 대한 물음에 스스로 답을 찾고 싶었기 때문이다.

02. DAP 시험에 나오는 분야가 실제 DA의 역할일까?

결국, DAP 시험에 나오는 분야가 분명 DA의 업무 범위기는 하지만 단순히 그 지식을 외우고 공부한다고 해서 DA업무를 수행할 수 있는 것은 절대 아니다. 우리의 문제는 여기서부터 발생한다. 이론은 이론이고 실무는 실무라고나 할까, 전혀 다르다고 할 수 있다. DA 컨설팅 능력은 관련 지식을 공부하고 외우고 몇 년 프로젝트를 경험한다해도 저절로 익혀지지 않을 수도 있다.

예를 들어 표준화만해도 이론만 접하면 그리 어려워 보이지 않는다. 하지만 막상 실전에서는 모든 상황이 그리 단순하지 않다. 다양한 환경적 제약, 경우의 수가 존재한다.

예를 들어 어떤 경우는 표준단어사전이 기존에 존재하지만 다시 재정비하고자 하는 경우도 있을 수 있고 아예 처음부터 신규로 단어, 용어 사전을 구축하자는 프로젝트도 있다. 또한 어떤 고객은 단어사전을 재정비하지만 기존에 쓰는 영문약자를 그대로 다시 사용하고 싶으니 바꾸지 말아달라는 요청을 하기도 한다. 이런 경우 기존의 단어와 매치되는 영문약어를 별도로 수집하는 작업이 추가된다. 여섯 번 이상 표준화를 수행했지만 똑같은 조건은 한 번도 없었다. 항상 처하는 상황이 달랐고 고객의 요구사항이 달랐다. 이런 모든 변화에 유연하게 대처하고 스스로 고민하고 생각해서 최적의 결론을 고객에게 제시하고 모두가 만족할 만한 결론을 내고 문제를 해결하는 능력이 없으면 컨설턴트로써 낙제다.

데이터 모델링도 마찬가지다. 모델링은 고객의 적극적인 협조가 있어서 업무에 대한 많은 정보를 받아야 그 결과물이 훨씬 더 견고해진다. 하지만 대부분의 경우 개발에 급급해 모델은 뒷전으로 밀리거나 결국은 개발업체가 편하게 프로그램을 작성할 수 있는 방향으로 모델이 바뀐다.

한번 잘 생각해보자. 실제 고객의 업무라는 것은 살아있는 생명체와 같은 것이나. 업무는 시스템을 새로 만들든 이니든 현재 진행되고 누군가가 실제 수행을 하고 있다. 이러한 업무를 'IT 시스템'이라는 하나의 틀에 집어넣게 된다.

집어넣을 때 이 틀이 실제 업무와 굉장히 유사하다면 더할 나위 없이 좋겠지만, 대부분의 경우 그렇지 못하다. 모델링과 설계 단계에서 얼마나 상세하고 정확하게 파악하고 업무에 대해 깊이 이해하느냐에 따라 실제 세계인 업무와 하나의 틀인 시스템 사이의 차이는 급격히 좁혀진다.

하지만 아직도 우리는 이런 중요한 사실을 간과한 채 틀을 마음대로 만들고는 실제 업무를 사정없이 구겨 넣는다. 대부분의 프로젝트에서 중요시하는 것은 틀을 급하고 빠르게 어떻게든 만들기이고 이 틀을 제대로 만드는 데에는 큰 관심이 없다. 시간과 돈이 부족하다면서 대충 만들기 일쑤다. 데이터 모델링과 제대로 된 설계가 아직도 환영을 못 받는 이유다.

03. 데이터 아키텍처 전문가의 업무 범위

데이터 전문 업체에 입사하면 다들 데이터 모델링을 하루라도 빨리 배우고 싶어 한다. 전문업체가 아니면 모델링을 많이 해볼 기회도, 제대로 경험해 볼 기회도 적은 것이 현실이다. 앞서도 언급했듯 실제 프로젝트 수행이나 업무에서 경험으로 모델링을 배우지 않으면 그 지식이 자신의 것으로 체화되지 못한다.

하지만 단순히 모델링에 관한 지식만을 아는 상태로는 DA로써 성장하고 관련 프로젝트를 수행하는데 어려움이 있다. 데이터 아키텍처에 관련된 전 분야에 대해 고른 지식이 있어야 한다. 모델링을 하기 전에는 항상 표준화 작업을 한다. 표준화를 어떻게 하느냐에 따라 시스템 구축 시에 코딩까지 영향을 미친다. 그런데도 이 표준화를 제대로 하는 사람을 나는 그다지 많이 보지 못했다. 이 과정의 중요성을 인식하지 못한 점도 있지만, 자세한 설명이 나온 책이나 매뉴얼을 구하기 힘든 이유도 있다. 표준화, 모델링, 데이터 품질, 모델링을 표현하는 툴(TOOL), 그리고 이 모든 일련의 작업을 하나로 묶는 종합적인 지식까지 골고루 다 갖추어야 프로젝트에서 DA로서의 업무를 문제없이 매끄럽게 진행할 수 있다. 컨설팅 업무는 난이도가 꽤 있는 일이다. 1~2년의 경력으로는 가지기 힘든 지식이며 다른 일도 마찬가지지만 몸으로 체화되는 것이 중요하다.

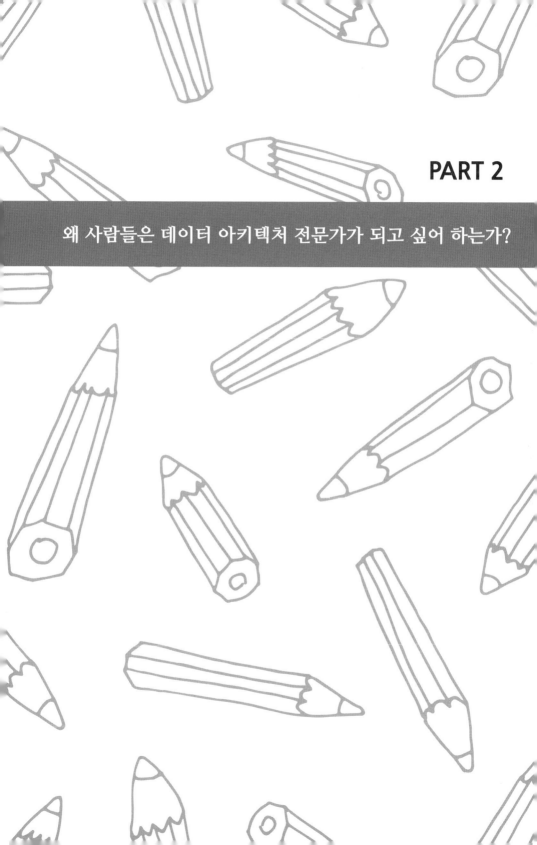

PART 2

왜 사람들은 데이터 아키텍처 전문가가 되고 싶어 하는가?

04. 데이터 아키텍처 전문가가 되고 싶어 하는 사람은 많다

데이터 전문회사에 8년간 근무하며 14개의 프로젝트를 수행했다. 각 분야의 수많은 전문가, 업체 직원, 고객을 만났다. 모두 IT 프로젝트다보니 설계자, 개발자, DBA, 튜너 등을 만나기도 하고 ISP 프로젝트면 타 회사 컨설턴트들도 많이 만난다.

프로젝트를 하다보면 DA일을 하고 싶다며 나에게 (사실은 내가 아닌 내가 다니는 회사에) 관심을 보이는 분들이 꼭 한두 명은 있었다. 그러면 나도 그리 훌륭한 DA 전문가는 아니지만 아는 선에서 이런저런 조언도 해주고 관련 업체에 대한 정보도 공유한다. 사실 IT업계 종사자인데도 DA와 DBA를 헷갈리는 사람이 부지기수다. 이 분야는 아는 사람만 안다고 해도 틀린 말은 아니다.

그래서 사람들은 데이터 아키텍처 컨설팅 회사로 가장 유명한 엔코아컨설팅에 대해서 "히든 챔피언"이라는 용어를 쓰기도 한다. 일반 사람, 심지어 IT 업계에 종사해도 데이터에 관심이 없는 사람들에게는 "엔코아컨설팅"이라는 이름조차 생소하기 때문이다. 어쨌든 DA전문가가 되고 싶어 하는 사람들이 많이 있는 것은 분명하다. 엔코아컨설팅에서 사회공헌의 일환으로 무료 데이터 모델링 강좌라도 열면 사람들이 구름처럼 몰려든다. 그래서 의문이 생겼다. 왜 많은 사람이 DA 전문가나 되거나 데이터 관련 일을 하고 싶어 하는 것일까?

일단 생각나는 이유는 데이터 모델링이라는 작업이 설계보다 더 선행하는 단계라는 사실이다. 데이터 모델링은 건축과 비교하면 건물의 골조, 뼈대를 세우는 일과 같다. 그 중요성은 말할 필요조차 없다. 사실 모델링과 설계는 종이 한장 차이다. 설계를 잘하는 사람은 모델링도 잘한다. 다만 그 방법이 조금 서툴 뿐이지 업무 파악이 빠르고 설계를 잘하는 사람이 모델링을 하면 아주 좋은 데이터 모델이 나온다. IT 시스템 구축 시 설계의 중요성을 알면서도 여전히 많은 프로젝트에서 설계는 대충하고 나중에 프로그램으로 로직 처리하는 경우가 많다. 이러한 설계의 문제점은 제대로 일하는 DA 전문가가 설계 전 단계에서 상세하게 업무를 파악하면 해결할 수 있다. 모델링과 설계를 동시에 진행하고 서로 맞추는 경우도 있지만 가장 이상적인 수행 방법은 역시 데이터 모델링을 끝내고 설계에 들어가는 것이다. 프로젝트가 이렇게만 진행된다면 시스템의 완성도도 좋아지고 코딩이 끝난 테스트 단계에서 모델을 고치는 엄청난 일도 일어나지 않을 것이다.

2014년 초에 수행했던 프로젝트도 처음 시작할 때부터 설계, 구현을 담당한 회사와의 의견 충돌이 예상되었다. 다행히 설계하시는 분들의 실력과 커뮤니케이션 수준, 그리고 함께 만들어 가자는 의지가 높아서 서로 많이 이해하고 양보하는 선에서 프로젝트가 순조롭게 진행되었다. 100점짜리 데이터 모델은 없기에 항상 맞닥뜨린 상황과 환경에 결과물을 맞출 수밖에 없지만, 어느 정도 객관화된, 향후 시스템 운영에 큰 문제를 일으키지 않는 수준의 모델링은 가능하다. 데이터 모델링은 IT 시스템 구축의 맨 첫 단계로써 제대로 수행해야 하고 정말 중요한 분야이다.

효율적인 시스템 구축을 위한 데이터 모델링의 중요성도 있지만 데이터 모델링을 잘한다는 능력 자체가 상당한 희소가치가 있다. 데이터 모델링은 단순히 지식을 외운다고 잘할 수 있는 일이 절대 아니다. 논리력, 사고력이 절실히 필요하다. 그리고 정답이 없다. 아무리 이론적으로는 이상적이고 좋은 데이터 모델도 고객이 원하는 방향이 아니면 아무 소용이 없다. 튜닝처럼 답이 딱 나오는 종류의 일이 아니다.

DA 컨설턴트들이 튜닝과 모델링을 비교하며 자주 하는 말이 있는데 "데이터 튜닝은 끝이 있는데 모델링은 그렇지 않다"라는 명언(?)이다. 튜닝과 모델링을 해보기 전에는 이 말이 잘 이해가 안 갔는데 실제로 해보니 업무 현실에 딱 맞는 말이라는 생각이 들었다.

그리기에 많은 사람이 데이터 모델링을 좀 한다고 하면서도 제대로 하지 못하고, 어떻게 하면 좋은 모델러가 될 수 있는지 계속 스스로의 능력에 의문을 가지게 된다. 모델링뿐만이 아니다. 데이터 관련 업무인 표준화, 데이터 품질 관리 등도 그 과정에 대해 상세히 나온 책이 없다. 어쩌면 영원히 나올 수 없을지도 모른다. 앞서 언급했듯 표준화 프로젝트를 여섯 번 이상 수행하면서 할 때마다 다른 방법으로 진행했다. 모델링과 마찬가지로 모범 답안이 없어서 스스로 방법을 고안하고 만들어가면서 수행했기 때문이다. 해당 프로젝트 상황에 맞게 자꾸 업그레이드하는 방법밖에 없었다. 표준화도 프로젝트마다 직면한 환경과 고객이 원하는 방향이 다 다르다. 그래서 어렵다. 솔직히 말해 데이터 전문회사에서도 제대로 모델링을 하고 표준화하는 사람은 손에 꼽을 정도다. 데이터 컨설팅, DA 전문가가 되는 일은 절대 만만치 않다.

그래서 더욱 도전해보고 싶은 일일 것이다. 솔직히 말해 나도 그리 뛰어난 사람은 아니지만, 도무지 이 업계에 있지 않고는 자세한 정보를 알기가 힘들기에, 앞으로 DA 전문가가 되고 데이터 모델링을 하고 싶은 분들에게 작은 도움이나마 드리고자 이 책을 쓴다. 내가 쓰는 글은 기술적인 내용이 아니고 DA 전문가가 무엇이고 어떤 일을 하며 어떻게 하면 이 일을 잘할 수 있을까에 대한 스스로에게도 했던 물음에 대한 답이다. DA 전문가는, 그리고 데이터 관련 업종은 앞으로도 수십 년간 인기가 사그라지지 않을 것 같다. 준비하고 도전해보자. 무척 매력 있는 분야인 것만은 분명하다.

05. 개발자에서 그다음을 고민한다면?

한 프로젝트에서 만난 과장님은 고민이 많았다. 이제 막 대기업 IT 계열사의 과장이 되었지만 지위와 일에 대한 고민이 시작되었기 때문이다. 본인은 계속 IT 개발, IT 컨설팅 등 기술에 집중, 특정 분야의 전문가가 되고 싶지만, 회사의 생각은 달랐다. 좀 규모가 있는 회사나 대기업에서는, 대리급이 되면 개발업무는 더 이상 하지 않게 되고 프로젝트 관리 등 관리자로서의 일을 하게 된다. 상사와 커리어패스에 관해 상담도 하고 주변에 조언도 구하지만, 결정이 참 쉽지 않아 보였다. 이런 고민은 소프트웨어 개발 일을 하는 많은 이들의 고민일 것이다.

개발뿐만 아니라 SM(시스템 운영업무)을 하는 분들도 사정은 다 마찬가지다. 경력이 쌓이면서 IT 기획이나 영업, 관리 쪽으로 일하게 되는데 계속 기술적인 발전을 이루고 전문가로 나서고 싶은 사람에게는 진로가 고민되지 않을 수 없다.

그리고 IT 업무에 종사하는 많은 사람들이 몇 살까지 내가 이 일을 할 수 있는지에 대한 고민이 유독 많아 보인다. 물론 IT 업무에만 한정된 고민은 아닐 것이다. 과연 내가 하는 이 일을 40대, 50대까지 할 수 있겠느냐는 고민, 과연 나는 지금, 나중에 도움이 되는 경력을 잘 쌓아나가고 있는지에 대한 많은 생각에 머리가 아플 것이다.

DA 컨설팅을 하면서 좋은 점 중 하나는 다양한 기업, 사람들과 일 할 수 있다는 것이다. 프로젝트에 따라 함께 일하는 구성원이 바뀌니 사내의 여러 컨설턴트들과 같이 일하는 것은 물론, 같이 프로젝트에 참여한 타 회사 컨설턴트의 뛰어난 능력을 직접 눈앞에서 볼 수도 있다. 최근에 가장 인상적이었던 분은 모 컨설팅 회사 상무로 TA 출신이었다. 상무님은 같이 참여한 프로젝트의 PM 업무를 수행했다. PM 업무는 하루하루 매 순간이 결정과 고민의 연속이다. 아무리 일의 싱격이 비슷해도 모든 프로젝트가 처한 환경이 다르고 구성원도 다르기에 예측불허, 수많은 일들이 일어난다. 한마디로 IT 프로젝트는 그 자체가 카오스(혼돈)다. 이런 극한의 혼돈상황에서 방향타를 잡고 매일매일 새롭게 발생하는 문제를 하나하나 해결해 나가야 하는 것이 PM의 숙명이다. 이분은 진정 프로를 뛰어넘는 전문가였다. 문제해결능력이 아주 뛰어났다. 어떤 어려운 문제가 생겨도 척척 해결하는 모습도 탄성을 자아낼만했지만, 인덕까지 있어서 절대 팀원들에게 싫은 소리를 하지 않으면서도 프로젝트를 잘 이끌고 나갔다.

또한, 주특기인 TA 분야에 대한 해박한 지식으로 고객의 묵은 고민을 말끔히 해소해주는 모습은 '일을 잘하는 사람은 이렇다'라는 표본을 보여주는 듯했다. 커리어 패스 이야기를 하다가 갑자기 이 이야기를 하는 이유는 한 가지 제안을 하기 위해서다. 커리어 패스를 위한 나의 제안을 정리하면 다음과 같다.

DA건 TA건 한 가지 특기가 있으면 아주 좋다. 하지만 한 분야의 전문가만으로 만족해서도 안 된다. DA 컨설턴트는 누구나 될 수 있다. 문은 좁지만 못될 것도 없으며 특별히 전문 DA 컨설팅 회사에 입사하지 않아도 지금 있는 회사에서 DA로서의 역량을 충분히 발휘할 수도 있을 것이다. 의외로 데이터에 대한 지식 등 단편적인 정보습득이나 자격증은 그다지 중요하지 않다. 더 중요한 능력은 '문제해결 능력'과 '종합적인 사고력'이다. 이런 능력은 절대 하루아침에 키워지지도 않으며 책상 앞에 앉아 공부한다고 저절로 생기지도 않는다. DA 컨설턴트로 일하는 사람 중에도 단언컨대 이런 능력을 갖춘 사람은 매우 드물다. 솔직한 이야기로 내가 다녔던 데이터 전문회사에서도 이런 인재는 손에 꼽았다. 거의 없다고 보면 된다. 나도 아직 역부족이다. 하지만 점점 더 이런 출중한 능력을 갖춘 사람이 필요한 시대가 온다. 세상과 시스템은 더더욱 복잡해질 것이기 때문이다.

『로지컬 씽킹의 기술』이라는 책에 이런 내용이 나온다.

"주변에 논리적이고 일 잘하는 사람이 있다면 유심히 관찰하고 연구해 볼 필요가 있다."

아무리 어려운 문제도 이 사람들은 척척 해결한다. 그런 모습을 보고 감탄만 해서는 안되고 왜, 어떻게 저 사람은 문제를 해결했는지를 잘 관찰하고 그 능력을 배워야 한다. 당연한 일이지만 적극적으로 관심을 가지지 않으면 그 방법을 알아낼 수 없다.

대부분의 프로젝트에서 나타나는 문제는 정답이 없다. 컨설턴트이기에 최적의 답을 스스로 찾아내야 하는 경우가 대부분이다. 우린 주변에 일 잘하는 사람이 있으면 그냥 감탄만 하고 그걸로 끝이다. 그래서는 안 된다. '대단하네!'로 끝나는 사람과 '왜?'를 반복하는 사람 간에는 시간이 지날수록 커다란 차이가 생긴다고 이 책에서는 말한다. 기술은 철저하게 모방 학습을 통해 체득된다는 것을 반드시 기억하라고도 말한다. 여기서 말하는 기술은 지식과 경험의 복합체를 의미하지 않을까?

정리하자면 데이터 아키텍처 컨설턴트로 일하면서 좋은 점 중 하나는 일 잘하는 사람들을 많이 만나서 그들의 노하우를 조금이라도 배울 수 있다는 것이다.(사내에서건 사외에서건 말이다) 같은 사무실에서 매일 같은 일을 하면서 똑같은 사람을 반복해서 만나는 것보다 프로젝트에 따라 다양한 일을 하면서 새로운 사람들, 뛰어난 사람들과 같이 일을 하는 것이 자신의 경력에 훨씬 더 도움이 된다.

개발자에서 그다음을 고민한다면 이라는 제목을 달고 약간 이야기가 옆으로 샌 느낌이다. 만약 특정 IT 분야의 전문가로 나서는 길이 여의치 않다고 하더라도 대체 불가능한 관리자, 프로젝트 매니저가 되면 된다. 문제해결 능력과 종합적인 사고력을 갖춘 인재는 그 사람이 무슨 일을 해도 빛나기 때문이다.

06. 희소가치가 있는 직종이다

 DA 전문가가 되기 힘들다는 것은 크게 두 가지 의미다. 일단 수요 자체가 그리 많지 않다. DBA를 생각해보면 이해하기 쉽다. DBA도 아무리 인원이 많이 투입되는 대형 프로젝트라도 한두 명 정도면 충분하다. 프로젝트가 커도 DB 관련 일 자체가 크게 늘지는 않는다. 물론 다루어야 할 테이블이 많아지기는 하지만 구체적인 조작 작업이 늘어난다기보다 작업 시간이 좀 더 걸린다. 시스템이 크다면 많은 DA 전문가가 필요하지만 개발하는 인원만큼 다수의 인원이 필요하지는 않다. 그리고 초반에만 투입되는 경우가 많다. 몸값이 비싸다 보니 이런 일이 비일비재하다.

 상황이 이렇다 보니 일단 수요가 적다는 것이 DA 전문가가 많지 않은 한 가지 이유다. 아니, 어쩌면 수요가 없다기보다 능력 있는 인재 풀(pool)이 작다 보니 '규모의 경제'를 만들지 못하는지도 모른다.

 내가 시스템 담당자라면 향후 새로운 차세대 시스템을 구축할 때 반드시 유능한 DA 전문가를 고용할 것이다. 왜냐하면, 이런 DA 전문가를 활용하는 것이 얼마나 향후 프로젝트 진행과 시스템 운영에 큰 영향(시간, 비용, 노력 면에서)을 끼치며 조직의 데이터에 대한 지식과 기술을 높일 좋은 기회인지 잘 알기 때문이다. 하지만 모든 사람이 나와 같은 생각은 아닐 것이다. 사람은 자신이 경험한 것 외에는 잘 믿으려 하지 않고 상상력을 발휘하지 않는 존재이기 때문이다.

 DA 전문가가 되기 힘든 또 한 가지 이유는 DA 전문 회사 내부에서도 인재 양성이 어렵기 때문이다. 전문 회사 내에서도 일을 잘하는 사람과 못하는 사람의 격차가 상당하다고 생각한다. 회사에서 일 잘하는 사람이 실력이 부족한 사람이나 후배를 잘 가르쳐서 키우면 좋겠지만 회사가 적극적으로 개입하지 않는 한 쉽지 않은 일이다. 사실 적극적으로 개입해도 쉽지 않은 일이다. 그 이유는 앞서도 언급했지만, 단순히 누구에게 배운다고 바로 잘하게 되는 일은 아닌 일의 특성도 한몫한다. 어찌 되었든 회사가 나서면 그래도 사정이 훨씬 나을 수 있지만, 데이터 전문 회사들도 대부분 규모가 크지 않기에 컨설턴트 교육에 신경을 쓰기보다는 일이 들어오면 인력을 프로젝트 내보내기 바쁘다. 회사가 사람을 키우기는 힘든 구조다. 스스로 알아서 크는 수밖에 없다 보니 정말 실력 쌓기가 쉽지 않다. 필드에서 선배들 일하는 모습을 어깨너머로 배우고 열심히 공부하는 수밖에 없다.

그나마 일 잘하는 경험 많은 선배가 후배를 데리고 프로젝트를 가면 양반이다. 인력이 없으면 묻지마 인력 투입도 가끔 발생한다. 일해본 경험도 없는데 투입되기도 한다. 초보 컨설턴트는 실력도 없는데 어떻게 프로젝트에 나가서 일하는지 궁금할 것이다. 컨설팅이라는 일이 정답이 없다 보니 잘 모르는 고객 입장에서는 올바른 방향으로 일이 제대로 진행되고 있는지 파악하기가 무척 어렵다. 그래서 완전 초짜 컨설턴트가 와서 마치 경험이 많은 척 일해도 잘 모르고 지나간다. 물론 처음인데도 프로젝트를 아주 잘 수행하는 경우도 있지만 아무래도 경험 많고 실력 있는 컨설턴트만큼의 역량을 발휘하기는 힘들다. 결국, 어떤 컨설턴트가 오느냐에 따라 컨설팅 결과는 하늘과 땅처럼 차이가 날 수도 있다는 것이 불편한 진실이다.

내가 다닌 회사에서도 아주 일을 잘하는 사람들도 있지만, 그럭저럭 리더가 시키는 일은 해내면서 어떻게든 프로젝트를 끝내고는 오는데 실력이 검증되지 않은 사람도 있었다. 안 그래도 별로 없는 DA 전문 회사 내에서도 쓸 만한 DA 전문가는 그리 많지 않다고 보면 정확하다. 이 이야기는 역설적이게도 나만 열심히 하면 실력 있는 DA 전문가가 되는 일이 그리 어렵지 않은 일이라는 말도 된다.

07. 데이터의 중요성에 대한 인식이 날로 높아지고 있다

데이터의 중요성에 대한 정보는 많아서 별도로 언급을 자세히 하지는 않으려 한다. 빅데이터가 몇 년 전부터 부상하면서 빅데이터뿐 아니라 데이터 자체에 대한 관심도 높아졌다. 서른 군데 이상 국내 유수 기업과 공공기관의 데이터를 분석하면서 느낀 점은 데이터 품질이 일정 수준 이상 되는 곳은 거의 손에 꼽을 정도라는 사실이다. 데이터의 중요성을 알면서도 지금 상태에서 손을 못 쓰는 경우도 많다. 그만큼 아직 전문가도 부족하고 데이터와 관련되어서 해야 할 일도 많다. 데이터 관련 업종은 앞으로도 전망이 좋을 것으로 생각된다.

그렇다면 데이터 전문가가 되기 위해 지금 당장 어떻게 해야 할까? 중요한 것은 데이터 관련 지식 습득이 아니라 통찰력을 키우는 일이다. 통찰력을 가지기 위해서는 공부도 많이 해야 하지만 실전 경험을 많이 쌓아야 한다. 데이터 관련 프로젝트를 수행하고 데이터 관련 경력을 쌓으면 가장 바람직하지만, 실전 경험 기회를 잡기는 생각보다 쉽지 않다. 이점은 나도 가장 안타깝게 여기는 부분이다. 심지어 데이터 전문 회사에 다니면서도 이런 경험을 쌓기가 쉽지 않으니 말이다.

08. 설계업무의 정수다

앞서도 언급했지만, 설계를 잘하는 사람은 모델링도 잘 수행할 확률이 높다. 두 가지는 분리된 지식이 아니기 때문이다. 미국이나 캐나다, 일본 등지에서 IT 일을 하는 지인들에게 물어보니 DA전문가라는 직업이 별도로 존재하지 않았다. 대부분 회사 자체 인력이 데이터 관련 업무를 다한다는 의미다. 왜 그럴까 하고 생각해 봤는데 역시 한국 IT의 급속한 발전 때문이 아닐까 한다. 한국 사회는 급하게 발전하면서 깊이 생각하고 고민하는 시간을 많이 가지지 못했다. 그래서인지 사회 전반적으로 모든 방면의 기초체력이 부실하다는 사실은 모두 잘 알고 있을 것이다. IT분야도 예외가 아니다.

서구나 선진국에서는 서서히 IT가 발전하면서 시행착오도 많이 겪고 스스로 가치를 만들어 내는 부분도 많았다. 그러다 보니 인력이 고급화되고 그 인력층 또한 두꺼울 것이다. 설계업무 기술도 우리보다는 더 발전했을 것이고 설계를 하면서 당연히 모델링도 제대로 하게 된다. 우리는 모든 것이 빨리, 급속히 발전하면서 설계 단계를 무시하고 시스템의 겉모양을 갖추는 일에만 치중해 왔다.

이직도 이런 행태는 계속되고 있으며 그나마 DA 전문가라는 직군과 업무가 등장하면서 이 틈새를 조금씩 메워주는 형국이다. 물론 이건 나의 사견에 지나지 않는다. 다른 이유가 있을 수도 있다. 하지만 한 가지 분명한 사실이 있다. 설계를 제대로 하는 인력이 많아지면 굳이 DA전문가라는 직군이 필요하지 않게 된다는 것이다.

09. 나이에 상관없이 일을 계속할 수 있다

모 프로젝트에서 우리는 모델링을, 개발업체에서 업무 분석, 설계를 진행했다. 설계자는 대부분 40세 이상이고 50대도 두 명이나 있었다. 보통 개발 업체가 들어와서 분석업무를 대충하는 경우를 많이 보는데, 이분들은 무척 일을 잘 했다. 하긴, 연륜이 있으니 내공도 깊었다. 같은 업종의 업무를 여러 번 수행해서 업무에 대한 지식이 많은 점도 일이 잘 진행되는 데 큰 도움이 되었다.

반면 개발자들은 대부분 20대 후반이었다. 특이한 것은 중간인 30대 직원이 없었다. 궁금해서 그 이유를 물어봤더니 대부분 일을 잘하고 쓸만해 지면 다른 회사 (아마도 더 크고 돈을 많이 주는 회사)로 가버려서 아주 고령자(?)와 2~3년 차 신입만 있다는 것이다. 역시 대리쯤 되면 IT 분야는 이직을 많이 하는구나 새삼 깨달았다.

사실 개발자에게는 대리부터 과장 정도의 시기가 몸값을 올리기에 가장 유리하다. 일을 잘한다면 말이다. 이 업체도 아주 작은 회사는 아니었다. 직원이 100명이 넘는다고 했다. 견실한 회사구나라는 생각도 들었지만, 중간 연령층, 즉 완충지대가 없다는 것이 좀 문제일 듯했다. 중간이 비면 커뮤니케이션에도 문제가 생길지 모른다는 생각도 들었다.

내가 프로젝트에서 빠지기 몇 주 전의 일이다. 나이 많으신 노장들이 모두 회의 들어가고 사무실에 나와 20대 젊은 개발자들만 있을 때 개발업체의 높으신 분이 프로젝트 사무실을 방문했다. 평소와 다른 분위기를 풍기시기에, 어, 뭔가 이상한데? 라고 생각하던 찰나, 충격적인 이야기를 꺼냈다. 내용인즉슨, 회사가 최근 수주 성공을 기대했던 프로젝트에서 줄줄이 실패하는 바람에 일이 없어서 인원감축을 한다는 것이었다. 그런데 그 대상이 나이 많은 설계자들이었다. 당시 프로젝트는 설계 완료를 한 달 정도 앞두고 있었다. 그 시점에 설계자 대신 개발자를 투입하겠다는 것이다.

"이 사무실에 있는 사람도 2~3명 나가야 한다"는 말에 어린 친구들이 술렁이자, "잘라도 너희는 안 자르니 걱정 마"라고 대답한다.

동대문에서 떠 온 옷감도 아니고 사람을 저리 쉽게 자르나 하는 생각이 들었다. 현재 정보화 시스템 구축에서 가장 큰 문제는 설계를 아주 "우습게" 보는 것이다. 항상 설계는 대충하고 모델도 대충 해 놓고는 코딩에만 신경 쓴다. 그랬다가 산으로 간 프로젝트가 한 두 개가 아니다. 이제 이런 이야기는 너무 흔해서 다들 신기해하지도 않는다. 사실 해당 업무를 철저하게 파악해서 설계를 잘한다는 건 말처럼 쉬운 일이 아니다. 그나마 당시 같이 일한 업체는 설계 능력이 뛰어나서 내심 대단하다, 다행이다 생각하고 있었는데….

그리고 설계를 했던 사람이 프로젝트 종료 시까지 남는 것이 가장 이상적이다. 그런데 업무에 대해 몇 달 동안 철저하게, 자세히 파악한 설계자를 인건비가 높다는 이유로 교체하고 해고까지 한다는 발상이었다. 물론 해당 회사의 사정이 매우 급했겠지만 이런 모든 관행과 인식이 좀처럼 이 업계에서 잘 바뀌고 있지 않는 점은 큰 문제다.

같이 있어 보니 2~3년 차 개발자들은 시킨 일만 하려 했다. 코딩이나 환경설정 등 직관적인 지식은 뛰어났다. 반면에 생각하거나 분석하는 작업은 질색하고 설계자가 조금이라도 설계에 관련된 일이나 생각해야 하는 일을 주면 "저희는 그거 못하는데요. 그냥 간단한 것만 주세요", 이런 식이었다.

개발자들이 없을 때 설계자 한 분이 탄식하며 "이제 2~3년 차 정도 됐으면 설계 마인드를 가져야 하는데 시킨 일만 하려고 한다"며 속상해했다. 그런데 나도 그 시절에는 코딩만 잘하면 되는 줄 알았다. 스스로 깨달으려면 시간이 좀 필요한지도 모른다.

나이 많은 개발자가 53세 정도였는데 젊은 개발자들에게 자리를 빼앗기게 되는 상황은 좀 씁쓸했다. 그리고 이건 남의 일이 아니고 금방 다가올 나의 일, 우리의 일일지도 모른다. 누구나 자신의 영역에서 독창성이나 대체 불가능한 절대 능력이 없는 한, 금방 젊은 사람에게 자리를 내주어야 한다. 17년이나 일했지만, 아직도 참 어려운 문제다.

남들이 안 가진 능력이란 그냥 외워서 공부할 수 있는 지식을 의미하지 않는다. 다른 사람과 다르게 생각하는 능력이 필요하고 많은 공부와 경험으로 온몸으로 체화된 암묵적 지식이 필요하다. 회사에서 잘 나가던 한 선배는 컨설턴트라면 '고객이 찾는 컨설턴트'가 되어야 한다고 말했다. 그 선배는 정말 모 그룹에서 계열사끼리 서로 자기네 프로젝트로 이 선배를 데려가려고 신경전을 벌이기도 했다. 그 선배의 나이는 50이 넘지만, 나이는 전혀 문제가 되지 않았다. 회사에서 개발자나 IT 업계 사람들에게 도움이 되고자 사회 공헌 차원의 토크쇼나 DA컨설턴트와의 만남 같은 행사를 마련하면 DA 전문가이자 컨설턴트인 강사들이 가장 많이 받은 질문이 바로 "DA가 되면 몇 살까지 일 할 수 있어요?"라는 질문이었다. 다들 오래 일하고 싶다. 모든 직장인의 최대 고민이다.

오래 살아남으려면 어떻게 해야 할까? DA를 넘어 새로운 발상이 가능해야 하고 '프로페셔널'이 아닌 '엑스퍼트'가 되어야 한다. 즉, 한 가지 일에 숙련된 사람을 넘어 전체를 보는 눈을 가지고 어떠한 복잡한 문제나 요구사항에도 문제 해결을 위한 답을 찾아서 제시할 수 있는 능력을 갖춘 사람이 되어야 살아남는다. 이런 능력만 있다면 50살이고 60살이고 나이에 상관없이 일을 계속할 수 있다. 우리는 그런 사람이 되기 위해 노력해야 한다. 물론 쉽지는 않지만 말이다.

10. DA전문가가 할 수 있는 일의 범위는 생각보다 넓다

DA 전문가를 목표로 회사에 들어온 직원들은 생각보다 다양한 일을 해야 한다는 사실을 곧 깨닫게 된다. DA 전문가는 모델링만 하는 것이 아니기 때문이다. 회사 사업 범위에 있는 일들은 다 해봐야 본인의 능력이나 커리어를 쌓는 데도 유리하다. 물론 프리랜서로 활동하면 특정 분야 일을 골라서 할 수 있지만 DA 전문회사에 다니면서 여러 가지 일을 경험해 보는 것이 개인의 발전을 위해 좋다고 생각한다. 튜닝도 할 수 있으면 좋다.

가끔 입사해서 튜닝을 하기 싫다거나 어떤 일에 대한 거부감을 보이는 직원들이 있는데 마음속으로는 그렇게 생각해도 절대 시키는 일에 대해 편견을 가진 듯한 말이나 행동을 해서는 안 된다. 튜닝의 경우 한 번 튜닝을 하면 계속 관련된 일을 회사에서 시키는 경향이 있어서 정작 하고 싶었던 모델링 일을 못 할까 봐 꺼리는 경우도 봤다. 하지만 데이터베이스 튜닝도 못하면서 DA 전문회사 직원이라고 말하는 것이 더 창피한 노릇이다. 모델링을 하면 멋지고 튜닝을 하면 좀 아니라고 생각하는 사람들은 그 자세가 잘못되었다. 무엇이든 데이터 관련된 일을 다 해보는 것이 멀리 내다봤을 때는 본인에게 더 큰 이익을 가져다줄 것이다.

어차피 향후 리더가 되어 프로젝트를 이끌어 가려면 컨설팅 회사 내의 모든 데이터 관련 업무를 꿰차고 있어야 한다. 본인도 잘 모르면서 부하에게 일을 잘 시킬 수 있겠는가? 표준화, 모델링, 데이터 품질, 이행 업무, 튜닝 등의 일 뿐 아니라 각종 문서를 작성하고 프로젝트를 따기 위한 프레젠테이션도 해야 한다. 팔방미인이 되는 것이 회사에서도 좋아할 일이고 자신의 커리어 발전에도 도움이 된다.

PART 3

데이터 아키텍처 전문가가 되기 힘든 이유

11. 관련 업체가 많지 않아 좁은 문이다

앞서도 언급했지만 관련 업체가 많지 않다. 현재 DA를 전문으로 하는 업체는 엔코아컨설팅, 비투엔컨설팅, 투이컨설팅 등이 있고 데이터스트림스에도 관련 부서가 있다. DA 전문 업체뿐만 아니라 메타시스템 관련 업체들도 DA 컨설팅과 관련된 일을 한다. 메타시스템 업체로는 위세아이텍이 있다.

관련 전문 업체는 그 수가 많지도 않고 사람을 많이 뽑지도 않는다. 한마디로 좁은 문이다. 하지만 본인이 실력이 있다면 절대 넘지 못할 산은 아니다. 실제로 DA 전문업체를 다녀 본 경험으로는 일을 잘하는 사람은 전체 회사 인원의 10%도 되지 않는다. 자신감을 가지고 도전해보자.

12. DA전문가의 중요성에 대한 인식이 아직 낮다

두 차례 프로젝트를 수행했던 고객 사이트를 방문했다. 새로 시작된 신규 사업에 우리 회사 인력을 넣고 싶다고 했다. 그런데 문제가 있었다. 이미 프로젝트 수행 업체가 결정되었는데 일괄수주로 발주를 했다는 것이다. 쉽게 말하면 고객은 DA인력을 별도로 넣고 싶지만, 업체에 강요할 입장은 안 되는 것이다. 고객은 수주 업체에 DA 전문가를 별도로 쓰고 싶다는 뜻은 전했지만, 우리를 고용해서 돈을 주는 것은 사업자로 선정된 업체니 그쪽에서 허락해야 일할 수 있었다.

만나보니 벌써 분위기가 그리 썩 좋지는 않았다. DA 인력은 비용도 비싸고 자기들이 설계한 것에 대해 반박 할 가능성도 있으니 당연하다. 사실 이런 일은 한두 번 겪는 것이 아니다. 해당 업체의 상무이사와 이야기를 나누었는데 'DBA' 와 'DA'가 다르다는 것도 잘 인식하지 못하고 있었다. 왜 DA 전문가가 프로젝트에 들어가야 하고 고객은 왜 유능한 DA 컨설턴트가 들어가기를 원하는지 전혀 이해하지도, 이해하려고도 하지 않았다.

사실 IT 프로젝트에서 대형 프로젝트의 경우는 인식이 많이 개선되어 고객도 제대로 모델링 하고 설계해야 한다는 사실을 매우 잘 인지하고 있다. 물론 큰 프로젝트는 워낙 복잡도가 높아서 모델링만 잘 된다고 전체 프로젝트의 성공이 보장된다고 할 수는 없다. 작은 프로젝트나 소규모 업체가 주사업자로 일하는 경우, 제대로 설계를 하고 모델링을 하는 경우는 솔직히 별로 본 적이 없다.

다시 앞의 이야기로 돌아가서, 업체와의 미팅 후 고객과 점심을 먹고 차를 마시며 많은 이야기를 나누었는데 고객은 정말 갑갑하다고 하소연했다. 수많은 프로젝트를 외주로 진행했는데 일을 제대로 하고 설계를 정확하게 하는 업체가 없었다는 것이다. 그러면서 나에게 "그게 그렇게 어려운 일이야?"라고 물어본다. "네, 어렵습니다"라고 대답했다. 하지만 방법이 없지는 않다. 모르면 어렵지 민 알면 쉬운 법이다.

나는 이런 일들을 경험하면서 한 가지 사실을 깨달았다. IT를 하면서 업무 파악 능력, 설계 능력만 출중해도 먹고 살 걱정 없다는 사실이다. 내 생각에 설계 능력과 데이터 모델링 능력은 종이 한 장 차이다. 뛰어난 설계 능력에 모델링에 대한 지식만 결합하면 되니까. 일하면서 "와, 설계 잘한다"라는 소리 듣는 사람들은 손에 꼽는다. 왜 설계가 어려울까? 왜 모델링은 어렵고 사람들은 DA 전문가가 되는 것이 말처럼 쉽지 않다고 말할까? 심지어 전문 업체에 다니면서도 본인이 어떤 능력을 쌓아야 하는지 포인트를 못 잡고 헤매는 사람도 많다.

그 이유는 '생각하는 힘'을 기르지 않기 때문이다. 항상 직관적이고 눈에 쉽게 보이는 것만을 중요시하고 새로운 발상도 하지 않는다. 끈질기게 어떤 사실을 알아내고 그 이면을 들추어 보려는 노력도 하지 않는다. 의문도 의심도 하지 않고 질문도 하지 않는다. 실제 데이터 모델링 업무에 가장 필요한 능력은 그냥 책을 본다고 생기는 것이 아니기에 더더욱 어렵게만 느껴진다.

사실, 앞서 이야기한 업체처럼 DA 전문가의 참여를 꺼리는 프로젝트에는 나도 참여하고 싶지 않다. 왜냐하면, 고생이 뻔히 보이기 때문이다. 몇 해 전 회사에서 비슷한 일이 있었는데 두 명의 DA컨설턴트를 투입했다가 결국 한 달 만에 철수했다. 수주한 주사업자가 농간을 부려서 나가게 한 것이다. 고객이 투입하라고 하니 눈치 보면서 DA 전문가 두 명을 억지로 투입했지만, 언뜻 생각하니 나갈 돈도 아깝고 자기들 마음대로 엉망으로 일할 수도 없으니 DA 컨설턴트의 존재를 방해라고 생각했을 것이다. 당시 일하러 들어갔던 사람들은 정말 일을 잘하고 열심히 일하는 컨설턴트들이었다. 그 업체는 하나만 알고 둘은 몰랐다. 일 잘하는 사람과 같이 프로젝트 할 기회가 있다는 것이 얼마나 중요한지를 말이다. 만약 같이 일했다면 그 업체 직원들은 전에는 전혀 몰랐던 DA 업무에 대해 같이 일하며 노하우를 배우기도 하고 결국은 자기들이 주도하는 프로젝트를 같이 협력해서 성공적으로 잘 이끄는 데 큰 도움을 받았을 것이다. 그러나 당장 눈앞의 이익에 눈이 멀어서 오판하는 것이다. 이런 일이 얼마나 많겠는가.

작년에 수행했던 한 프로젝트도 금액이 적다 보니 수주업체가 신입사원을 대거 투입했다. 인건비가 엄청나게 싸니까. 결과는 처참했다. 신입사원들은 설계 능력이 없고 업무 파악 능력이 현저히 떨어진다. 물론 처음부터 아주 잘하는 신입사원도 없지는 않다. 드물게 존재하지만 거의 없다. 프로젝트는 산으로 가고 난리가 났다. 한국 IT업계는 능력 있는 사람에게 그에 맞는 대접을 해주는 구조가 아니다. 아직도 노동집약적인 구태의연한 사고가 많이 남아있다. 20년째 제자리다.

DA 전문가는 몸값이 높아서 규모가 작은 기업이 발주하는 프로젝트에 참여하는 일은 거의 없다. 주로 대기업이나 공공기관, 금융 기관들이 많이 찾는다. 부익부 빈익빈이라는 생각에 좀 씁쓸하기도 하지만 현재 상황은 그렇다. 그리고 시스템이 그리 크지 않으면 시스템의 구멍 정도는 애플리케이션의 코딩으로 쉽게 메운다. 하지만 운영하는 시스템의 규모가 크면 이야기가 달라진다. DA 전문가로 일하면 국내 유수의 기업들과 일할 기회가 많이 생긴다. 이런 점도 DA 전문가의 매력이라고 할 수 있다. 어쨌든 아직도 DA가 별로 필요하지 않다고 생각하는 사람이 많다. 나도 꼭 필요하다고 생각하지 않는다. 앞서도 언급했듯이 훌륭한 업무 분석, 설계 능력이 있는 사람만 있다면 웬만한 DA 전문가 부럽지 않은 것이 사실이기 때문이다.

IT 초년생이라면 윗사람이 설계해주는 문서를 보고 코딩 할 생각만 하지 말고 반드시 설계를 빨리 배우고 스스로 생각해서 업무를 추진하는 능력을 키우시기 바란다. 사실 모든 일에서 자신이 주도적으로 진행하고 생각하고 고민한다는 것이 가장 중요하다. 향후 가장 가치 있는 능력임에 틀림없다.

13. 개발 위주의 IT 프로젝트 문화가 바뀌지 않고 있다

　가끔 이 일을 하면서 회의가 드는데 바로 개발 위주의 풍토가 좀처럼 바뀌지 않기 때문이다. 아무리 앞 단계에서 표준화를 잘해놓고 모델링을 해 놓아도 전체적인 데이터 품질에 대한 강제적인 관리가 이루어지지 않으면 코딩 단계에서 모든 것이 다 무너지기 일쑤다. 이번에는 제대로 된 모델링을 해보자는 고객의 굳센 결의도 시간과 돈이라는 물리적 장애를 극복하지 못하고 무너져 내리는 건 한순간이다. 시스템 구축 프로젝트를 해 본 사람이라면 누구든 이 말에 공감할 것이다.

　참 신기한 건 이런 관행이나 태도는 내가 IT업계에 처음 발을 내디딘 1996년 이후로 좀처럼 변하지 않고 있다는 사실이다. 이젠 좀 바뀔 때도 되었는데 말이다. IT업계의 구조적인 문제여서 앞으로도 쉽사리 바뀔 것 같지 않다는 것이 더 큰 문제다.

14. DA전문 회사에 들어가도 경력 개발이 쉽지 않다

지옥 같은 입시가 끝나고 대학교에 들어가면 이 세상은 나의 것이 되리라는 착각을 하는 고3 수험생. 지긋지긋한 취업준비를 끝내고 회사에 입사하면 그 간의 모든 고생이 눈 녹듯 사라진다고 오해하는 신입사원. 그동안 쌓은 IT 관련 경력으로 그토록 원하던 데이터 전문회사에 입사했지만 원하던 커리어를 쌓지 못하는 경력사원. 세 가지 경우 모두 그리 행복하지만은 않아 보인다. 이런 이야기는 하고 싶지 않지만 모든 끝은 새로운 시작을 의미한다. 고난의 행군처럼 끝이 보이지 않는 경쟁과 풀어나가야 하는 새로운 문제와의 원하지 않는 만남을 동반한 시작이다. 피할 수 없다면 즐기는 수밖에 없다. 꿈에도 그리던 데이터 전문회사에 입사, 이제 하고 싶었던 데이터 관련 업무를 마음껏 할 수만 있다면 약간의 어려움은 웃어넘길 여유가 생겨야 하는데 말이다.

많은 직장인이 커리어(경력) 개발에 어려움을 겪는다. 그 이유 중 하나는 내가 하고 싶은 일을 스스로 고를 수 있는 권한이 없기 때문이다. 작은 회사는 이런 점에서 조금 유리할 수는 있겠다. 큰 회사일수록 조직에서 내가 원하는 일을 마음대로 선택하거나 우연히 하게 될 확률이 더 줄어든다. DA 전문회사에서도 마찬가지일 수 있다.

위에서도 언급했듯이 데이터 전문회사에는 다양한 업무가 존재한다. 모델링을 하고 싶어도 처음부터 초절정 고수 밑에서 선배님의 친절한 지도를 받으며 우아하고 산뜻하게 모델링 프로젝트를 수행하리란 기대는 애초부터 안하는 것이 좋다. 모델링 말고도 많은 종류의 일이 있으며 그중 하나를 맡게 될 것이다. 회사는 나의 경력 컨설팅은 해주지 않으며 관심도 없다. 오직 우리가 컨설팅을 잘해서 많은 돈을 벌어오기만을 원한다. 회사의 존재 이유는 이윤 창출이니까.

또한, 모델링 프로젝트에 어쩌다 참여한다 해도 갓 들어온 초짜에게 중요한 업무를 맡길 확률도 낮다.

내가 다닌 회사에서도 직원들의 가장 큰 불만은 자신이 하고 싶은 분야의 프로젝트를 고를 수 없다는 사실과 프로젝트를 수행해도 어떤 포지션인가에 따라 본인의 경력에 도움이 되기도 하고 안 되기도 한다는 사실이었다. 많은 인력이 투입되는 큰 프로젝트일수록 일은 더욱 부품화, 분업화돼서 리더가 아닌 이상 맡은 일만 하게 되고 시야도 좁아지는 경향이 있다.

내가 제일 선호하는 프로젝트도 2~3명이 소규모로 구성되어 표준화, 데이터 모델링 등 핵심이 되는 업무만 집중적으로 수행하는 스타일이다. 실제로 나는 주로 이런 프로젝트를 많이 수행하고 리더로 일했기에 많은 것을 배우고 경험할 수 있었다.

처음 입사했을 때는 회사 업무 중 제대로 아는 분야가 하나도 없었다. 프로그래머 출신이고 DBA 경력이 아주 조금 있는 정도였다. 튜닝이나 데이터 모델링을 입사 전에 해 본 경험이 전혀 없었다. 입사해서 6개월 동안 본사에서 사내 교육도 듣고 스터디를 하며 조금씩 공부를 해 나갔다. 다른 직원들은 모두 프로젝트 나가고 혼자 본사에 남아 있기도 했다. 슬슬 불안이 엄습해왔다. 이러다가 제대로 된 프로젝트도 못해보고 쫓겨나는 거 아냐? 어떻게 들어 온 회사인데….

드디어 입사 7개월째, 모 프로젝트에 원래 투입되었던 외주사원이 맡은 일을 처리 못 해서 잘리는 바람에 그 자리를 메우러 가게 되었다. 어찌나 신나던지 가서는 정말 열심히 일했다. 첫 프로젝트는 무척 중요하다. 회사나 동료들에게 나의 존재감을 가장 확실하게 남길 기회기 때문이다. 무사히 프로젝트가 잘 끝났고 일 잘했다는 칭찬도 들었다. 처음에는 전혀 없었던 자신감이 조금 생겼다.

나는 아주 운이 좋은 경우다. 입사하자마자 그 다음 날로 프로젝트에 투입되는 경우도 다반사다. 다들 저 신입 또는 경력 사원 불쌍하다고 혀를 끌끌 찼다. 본사에서 교육도 듣고 기반을 다지고 나가는 것이 훨씬 몸과 마음고생이 덜하다. 다들 입사하면 당연히 6개월 정도 교육 해주는 줄 아는데 절대 그렇지 않다.

대기업이면 몰라도 직원 100명 남짓한 중소기업에서는 단 1개월이라도 인력이 돈을 못 번다면 큰 손실이다. 사실 입사하자마자 얼결에 끌려(?)나가서 온몸으로 부딪히며 업무를 익혀야 하는 경우는 고생이 이만저만이 아니다. 그래도 다들 잘 버티는 것을 보고 대단하다고 감탄한 것이 한두 번이 아니었다.

자신이 원하는 분야의 일을 하고 싶다면 방법은 한가지뿐이다. 무엇이든 주어진 일을 일단 잘 수행하고 본인이 일을 잘한다는 증명을 온몸으로 하는 수밖에 없다.

『철도원』이라는 작품으로 유명한 일본의 소설가 아사다 지로는 100권이 넘는 작품을 집필했고 아직도 현역으로 왕성한 활동을 하고 있다. 100권의 책을 쓰는 동안 포기하지 않은 원칙이 있느냐는 기자의 질문에 "한 권이라도 잘못되면 끝이라는 마음가짐"이라고 대답했다. 하나의 프로젝트라도 실패하지 않겠다는 마음가짐이 필요하다.

15. 관련 정보가 부족하고 책도 다양하지 않다

블로그에 데이터 아키텍처 컨설팅에 대한 이야기를 가끔 적는다. 그러면 글을 보고 메일을 보내는 학생이나 관련 업계종사자들이 있는데 다들 이런 하소연을 한다. "DA 전문가가 되고 싶은데 관련된 정보가 부족하다"라고 말이다. 내가 생각해도 업계에 있지 않으면 정보를 수집하는 일이 무척 어렵다. 회사에 다니면 선배들이나 동료들에게 자료를 받기도 하고 내가 만든 정보를 공유하기도 하지만 어디까지나 회사정보기 때문에 외부에 유출할 수가 없다. 컨설팅 노하우 자체가 회사의 자산이기 때문이다. 회사를 그만둔 지금도 나는 내가 다니던 회사의 지적 재산을 아무에게도 주지 않았다. 어쩔 수 없는 일이다.

또한, 이러한 지식은 문서로 만들어져 있어도 이를 읽어본다 한들 조금은 도움이 되겠으나 실제로 직접 프로젝트를 수행하는 것과 전혀 차원이 다르다. 실제 경험을 통해서만 배울 수 있고 문서나 말로는 설명이 힘든 '암묵적 지식'이기 때문이다. 선배나 동료들이 일하는 방식을 보고 배우는 일도 이 암묵적 지식을 익히는 데 도움이 된다. 일본의 지(知)의 거장 다치바나 다카시의 말에 의하면 이 암묵적 지식을 기르는 데는 양질의 정보를 입력하는 방법밖에 없는데 여기서 말하는 양질의 정보는 결코 단순 암기 지식을 의미하는 것이 아니다. 많이 보고 느끼고 읽는 것만이 도움이 된다고 한다. 또한, 컨설팅이라는 영역은 절대 지식이 존재하지 않는다. 데이터 관련 컨설팅도 마찬가지다. 모든 프로젝트가 처한 상황이 다르고 고객의 요구도 일정하지 않다. 투입되는 사람의 능력도 프로젝트의 결과에 많은 영향을 끼친다. 동일인이 프로젝트를 수행해도 결과가 달라지기도 한다. 컨설턴트의 실력은 많은 일을 경험할수록 점점 더 좋아진다. 그리고 좋아져야 한다. 사실 코딩이나 데이터베이스 튜닝 같은 업무라면 이상적으로 잘 코딩된 프로그램, 가장 완벽한 튜닝이란 결과를 기대할 수도 있고 예상도 어느 정도 가능하다. 하지만 컨설팅에서는 완벽이란 말을 하기는 쉽지 않다. 구체적이고 정량적인 잣대가 존재하지 않는다. 물론 데이터 모델링 분야에서도 객관화가 어느 정도 가능하다. 즉 이 모델은 잘 되었다 못되었다의 판단이 가능하다. 하지만 전체 프로젝트, 컨설팅이라는 총체적 관점에서는 결과가 100점이라는 확실한 기준은 아직은 모호하다. 그래서 더더욱 잘하기 어려운 것이 컨설팅이고 데이터 아키텍처 컨설팅이라고 생각된다. 한마디로 절대 지식이 존재하지 않으며 꾸준히 관련 능력과 기술을 업그레이드해야 한다. 쉽지 않은 일이다. 특히 학창시절 내내 정답 맞히기에만 익숙해져서 생각하는 힘을 가지는 것이 중요하다는 사실을 잘 모르는 한국의 교육풍토에서 이런 능력을 갖추기는 매우 힘들다. 일본에서 일하는 지인과 미국 마이크로소프트에 근무한 경험이 있는 지인에게 일본과 미국에도 'DA 컨설턴트'라는 직업이 있느냐고 하니 의외로 없다고 대답한다. 그 이유는 한국에서 DA 전문가가 하는 모델링을 회사 내의 설계자들이 다 수행하기 때문으로 보인다. 앞서도 언급했듯이 설계와 모델링은 종이 한 장 차이다. 생각하는 힘이 있는 설계자들이 모델링을 하면 된다. 굳이 외부 인력인 모델러를 비싼 돈을 주고 고용할 필요가 없는 것이다.

부산의 모 업체는 프로젝트 진행 시 한 가시 소건을 더 내세웠는데 바로 "자사의 인력을 모델러로 키워 달라"는 내용이었다. 회의실 하나를 통째로 전세 내서 그 안에서 함께 모여 일하면서 각 업무 담당자에게 모델링을 가르쳤는데 담당자들은 자신의 업무를 아주 잘 알기 때문에 모델링을 배우는 속도가 무척 빨랐다. 모델링에 대한 지식만 습득하고 자신의 업무를 모델로 표현만 하면 되기 때문이다. 이게 무슨 말이냐 하면, 일반적으로 모델링 프로젝트에 투입되면 가장 먼저 하는 일이 해당 업무를 철저하게 파악하는 작업인데 업무를 이미 훤히 아는 담당자는 업무 파악 과정을 건너뛰는 것이니 데이터 모델링의 A,B,C 만 좀 안다면 웬만한 컨설턴트보다 더 나은 데이터 모델링이 가능하다.

16. 방법론은 방법론일 뿐, 일하면서 배우는 경험만이 일을 잘하게 해 준다

"사실 시중에는 수많은 모델링 관련 서적과 강좌들이 범람하고 있다. 그러나 이들의 대부분은 단지 ERD를 작도하는 방법을 가르치고 있는 것에 지나지 않는다고 감히 말할 수 있다. 다시 말해서 모델링의 절차나 결정된 사실을 그림으로 표현해 내는 방법을 교육시킬 뿐이지, 인간의 유일한 영역이라고 할 수 있는 복잡한 사고의 세계에 파고들어 '생각하는 방법', '판단하는 방법'을 제시하려고는 감히 생각하지 못하고 있다는 것이다. 모델링이라는 것은 인간의 사고를 통한 판단력으로 해 나가는 것이다. 그렇다면 판단하는 근거와 사고의 원리를 배우는 것이 무엇보다 중요하며, 그림을 그리는 방법만 익혀서는 아무것도 제대로 할 수가 없다."

- 이화식, 『데이터 아키텍처 솔루션 1』

왜 DA는 어려운 것일까? 사람들은 DA 전문가가 되기 어렵다는 말은 되풀이하면서도 왜 그런지 곰곰이 생각하는 데는 인색하다. 부끄럽지만 나도 8년이나 데이터 아키텍처 전문회사에 재직하며 모델링 업무를 수행하면서도 누가 물어보면 이 부분에 대해 이렇다 할 대답을 내놓지 못했다. 하지만 이미 답은 엔코아컨설팅의 이화식 대표의 저서 『데이터 아키텍처 솔루션 1』에 위와 같이 잘 나와 있다. 나는 특이하게도 인문학 관련 책들을 읽으면서 이런 사실을 깨달았다.

한번은 사내 컨설턴트들의 업무 능력을 높이기 위해 수행하는 업무에 대해 방법론을 만들자는 안이 나와서 논의되었다. 나도 몇 번씩 의견 수렴을 위한 회의에 참석했지만, 방법론을 만든다는 것 자체에 회의적이었다. 물론 어느 정도 기본적인 프로세스나 산출물에 대한 포맷 정도는 만들어 활용할 수 있을 것이다. 하지만 DA 컨설팅에서 중요한 능력은 단순한 지식의 나열이 아니라 사고를 통한 판단력이다. 결코 방법론으로 완벽하게 만들 수는 없는 영역이다. 결국, 방법론을 만든다는 계획은 당시에 흐지부지 되고 말았다. "남이 방법을 알더라도 쉽게 흉내를 낼 수 없는 사고적인 것을 할 수 있어야 한다"는 말은 너무나도 중요하다. 데이터 아키텍처 컨설팅이나 모델링이 어려운 이유는 바로 '방법을 알아도 실천하기 어려운 일'이기 때문이다.

히사쓰네 게이이치가 쓴 『피터 드러커처럼 생각하라』라는 책에 방법론에 대한 언급이 나온다.

"방법론에 지나치게 구애되면 오히려 논리적인 사고력을 몸에 익히기가 어려워진다. 왜냐하면 이들은 논리 사고력을 행하기 위한 도구에 지나지 않고 도구의 사용 방법에 아무리 정통해도 진짜 사고력은 몸에 붙지 않기 때문이다."

"사고력을 단련할 때 무엇보다 중요한 점은 실제로 자신의 머리로 생각해야 한다는 점이다. 손을 움직이면서 머리를 충분히 회전시켜 시행착오를 반복해 갈 때 비로소 생각하게 된다. 이 과정이야말로 사고력을 강화하기 위한 최적의 방법이다."

새로운 방법론을 프로젝트마다 새로 만들어 가는 것, 그것이 유능한 DA 전문가, DA 컨설턴트가 되는 길이다. 기존에 작성된 완벽한 방법론은 존재하지도 않고 존재할 필요도 없을지 모른다. 가장 훌륭한 작품은 쓰이지 않았다는 말처럼 최고의 컨설팅 방법은 우리 머리에서, 손에서 아직 나오지 않았다.

17. DA전문가는 IT컨설턴트라는 직업의 본질을 잘 이해해야 한다

『이 한 권으로 전부 아는 IT컨설팅의 기본』(원서명 :『この1冊ですべてわかる ITコンサルティングの基本』, 克元 亮(著)) 이라는 책이 있다. 일본에서 출간된 책이며 한국에 번역출판은 아직 안되어 있다.

이 책은 IT 컨설팅과 IT컨설턴트에 대해 아주 자세하게 설명하고 있다. 넓은 의미에서 보면 DA전문가도 IT컨설턴트에 포함된다. 사람들이 내게 직업이 뭐냐고 물어보면 나는 절대로 '데이터 아키텍처 컨설턴트'라고 말하지 않는다. 대부분의 사람은 마치 무슨 외계어를 들은 듯한 표정을 짓는다. 이럴 때는 그냥 "IT 컨설턴트입니다" 라거나 "IT 컨설팅을 합니다"라고 하면 대충 잘 넘어간다.

솔직히 IT컨설턴트라고 직업을 소개해도 "도대체 저 인간이 하는 일은 무엇인가?"라고 사람들은 생각하는듯하다. 아직도 일반인들에게 생소한 직종이다. 그래서 가끔 나는 내 직업을 "그냥 IT 관계 일을 합니다"라고 말한다. 'IT 컨설턴트'는 아무래도 아직 좀 어렵게 느껴지는 듯하다.

이 책에 DA 전문가, DA 컨설턴트를 하고자 하는 분들께 도움이 될 만한 내용이 있어 소개하고자 한다. 'IT컨설턴트에게 필요한 스킬'이라는 내용인데 맨 처음에 'IT컨설턴트와 SE(소프트웨어 엔지니어)의 차이'에 관해 언급한다.

'SE'는 한국의 '프로그래머'를 의미한다. 어떤 차이가 있을까? 나는 이 부분이 꽤 중요하다고 생각한다. 왜냐하면, 가끔 컨설턴트인데 마인드가 여전히 SE(프로그래머)인 사람들이 있기 때문이다.

원문을 그대로 번역(직역)하기보다는 이해하기 쉽게 조금 변경(의역)했다.

"IT컨설턴트를 SE의 다음 커리어라고 생각하는 독자도 많을 것이다. 하지만 IT 컨설턴트는 SE의 연장선에 있지 않고 완전히 다른 직종이다. 왜냐하면, IT컨설턴트와 SE는 고객 기업에 대한 입장과 역할이 완전히 다르기 때문이다.

SE는 고객을 위해 정보 시스템의 요건을 정의하고, 설계하고, 구축한다. 어떤 정보 시스템을 구축할지에 대해 제안을 하지만, 최종적으로 고객의 지시, 또는 승인한 방식대로 정보 시스템을 만드는 것이 SE의 역할이다. 고객과의 관계도 기본적으로 발주자와 수주자, 상하 관계다.

하지만 IT컨설턴트의 일은 고객을 포함한 경영과제에 대해 IT를 사용해 해결책을 제안하는 것이다. 고객 기업에 문제 해결의 해답을 제시하고, IT 투자의 의사결정을 지원하는 역할이기 때문에, 기본적으로 고객으로부터 지시나 승인을 받는 것이 아니라, 대등한 관계다.

IT 컨설턴트의 제안이 잘못되어 나중에 문제가 발생하는 경우, IT컨설턴트는 고객에게 책임을 추궁당한다. 이 점이 고객의 승인을 받기만 하면 제안내용에 책임을 지지 않아도 되는 SE와의 가장 큰 차이다.

그래서 SE는 고객을 "USER(유저, 사용자)"라고 부르지만 IT컨설턴트는 고객을 "CLIENT(클라이언트, 의뢰자)"라고 부른다. 말이 다른 것은 고객과의 관계가 다르기 때문이다."

이 책에서 언급한 이러한 컨설턴트와 SE(프로그래머)의 차이를 현장에서 피부로 느끼는 경우가 많다. 컨설턴트라고 다 같은 컨설턴트가 절대 아니다. 실력 있는 컨설턴트여야 한다. 아무리 관계가 대등하면 뭐하겠는가. 일 엉터리로 해서 책임 추궁당하면 끝장이다. 반면에 컨설턴트를 능가하는 능력을 갖춘 SE(프로그래머)도 많다.

이 내용을 소개하는 이유는 DA 전문가가 되려면 IT 컨설턴트라는 자각이 중요하다는 이야기를 하고 싶어서이다. DA 전문가는 아무래도 프로그래머, 즉 개발자 출신이 많다 보니 이런 마인드를 가지는데 시간이 좀 걸린다. 하루라도 빨리 IT 컨설턴트라는 직업의 특성에 적응하는 것이 자신의 발전에 더 큰 도움이 될 것이다.

18. IT 컨설턴트가 적성에 잘 맞는 사람은 따로 있다

『한 권으로 전부 아는 IT컨설팅의 기본』에 의하면 IT컨설턴트가 적성에 잘 맞는 사람은 따로 있다고 한다. 잘 생각해보니 상당히 일리가 있고 공감이 가는 말이다. 경력이 길고 일을 많이 해도 왠지 일을 썩 잘한다는 느낌을 주지 못하는 사람들이 있다. 혹시 적성에 잘 맞지 않는 것은 아닌지 스스로 고민을 해 봐야 할지도 모른다. 처음 이 일을 해보고자 하는 사람들은 과연 이 직업이 나에게 맞는지 다음 글을 읽고 판단해보는 것도 좋을 것이다.

"어떤 직업에도 잘 맞다, 잘 안 맞다가 있지만, IT 컨설팅도 예외가 아닙니다. IT컨설턴트로서의 적성이 있는지 없는지에 따라, 혼자서 우뚝 설 수 있기까지 필요한 기간이 다릅니다. 프로로서 전문지식이나 고도의 스킬이 필요한 점은 SE(프로그래머)와 같지만, IT컨설턴트로서의 적성을 고려해보는 데 중요한 것은, 직업인으로서의 가치관과 행동특성입니다. 높은 성과를 내는 사람이 공통으로 몸에 지니고 있는 가치관과 행동특성이 있습니다. 지금 당장 그런 능력이 없다해도 시간은 다소 걸리지만, 노력하기에 따라 어떻게든 됩니다. 그리고 실제로, 장단점을 가지고 자신의 개성을 살리며 활약하고 있는 IT컨설턴트가 다수 존재합니다."

이 책에서는 지식이나 기술은 빙산으로 따지면 물 위에 나와 있어 눈에는 보이지만 아주 일부에 불과하고 정작 더 중요한 자질은 물에 잠겨서 보이지는 않지만, 빙산의 대부분을 차지한다고 말한다. 이런 중요한 적성, 자질을 정리해보면 다음과 같다.

* 체력과 인간적인 매력이 모든 것의 기본

먼저, IT 컨설턴트는 체력이 없으면 할 수 없습니다. 장시간의 근무가 많은 것은 SE(프로그래머)와 같지만, 고객에게 믿음직스러운 존재여야 하는 컨설턴트는 고객 앞에서 피곤한 얼굴을 절대하면 안됩니다. IT컨설턴트는 고객 기업의 높은 사람들과 면담을 하는 일이 많고, 회의에 아파서 빠지거나 하면 능력과 성의를 의심받습니다. 일상의 건강관리도 일의 일부라는 인식이 필요합니다.

또, 인간적인 매력이 중요합니다. 고객을 동등한 입장에서 접하고, 특히 듣기 싫은 소리도 할 수 있어야합니다. IT컨설턴트는 예의 바르게 행동해야 하고 필요 이상으로 잘난 척하거나, 상대를 내려다보는 듯한 태도를 보이는 것은 절대 안됩니다. 또한, 고객을 두려워하지 않고 의연한 태도를 몸에 지니는 것이 중요합니다.

또한, 고도의 커뮤니케이션 능력이 요구됩니다. 전달하고자 하는 바를 정확하게 전달하기 위해, 말을 잘해야 합니다. 또, 이 이상으로 중요한 것은 듣는 것도 잘해야 합니다. "고객이 얼마나 공감하고, 중요한 정보를 알려줄 것인가?"가 일의 질에 직접 영향을 끼칩니다.

* 결과를 중요시하는 강렬한 프로의식

IT컨설턴트로서 성과를 내는 사람은, 공통적으로 강한 프로의식을 가지고 있습니다. 타사사례나 프레임워크을 내세워 자기만족을 하는 것이 아니라, 고객의 경영과제를 해결하기 위해 무엇을 해야 하는가를 필사적으로 생각하고 실천하며 실제로 성과를 내는 것이 IT컨설턴트로서의 모습입니다.

IT 컨설턴트는 고객의 IT 전략 입안을 지원하기 때문에 컨설턴트가 착수하는 시점에 작업의 방향성조차 정해지지 않은 경우도 많습니다. 그렇기 때문에, SE(프로그래머)처럼 고객의 지시를 기다리는 것은 기본적으로 있을 수 없는 일입니다. 할 수 있는 일을 스스로 생각하고, 도리어 고객을 이끌어 나갈 정도의 기개가 필요합니다.

또, 단지 IT 전략을 책정하는 데서 끝나는 것이 아니라, 그 후의 공정, 즉 정보시스템의 안건 정의부터 설계, 제조, 운용, 보수의 성공까지가 자신의 책임 범위라고 인식하고, 전략의 실현성 향상을 배려하는 것도 필요합니다. 그리고 무엇보다 중요한 것은, 눈앞의 과제에 대해 명확한 결론을 내는 것입니다. 일반론을 쭉 늘어놓고 이야기가 어떻게 되어도 좋다는 무난한 말만 하는 IT 컨설턴트도 있습니다.

하지만 그런 자세로는 고객으로부터 지지를 받을 수 없습니다. 정보가 부족하다면, 경영방침이나 같은 업종의 다른 회사의 동향, 고객의 요구사항이나 현장업무의 흐름 등을 조사하여 얻은 정보를 분석, 정리하고 확실한 답을 도출할 책임이 있습니다. 또한, 숙고한 끝에 낸 결론이라면 만약 상대가 높은 사람이라 해도 자신을 가지고 전하는 자세가 필요합니다.

* 플러스 사고로 문제를 해결하고 싶어 하는 성격

IT 컨설턴트는 고객의 장래를 좌우하는 전략 레벨의 문제를 취급합니다. SE(프로그래머)는 불명확한 점이 있으면 상위공정에서의 성과물을 참고하거나, 고객에게 질문하는 것이 가능합니다. 하지만 IT 컨설턴트는 고객 자신이 답을 모르는 문제를 취급하니 컨설턴트 자신이 생각해서 결론을 낼 수밖에 없습니다.

IT 컨설턴트가 취급하는 문제 중에는, 일견 해결 불가능해 보이는 문제가 적지 않습니다만, "반드시 해결책은 있을 거야"라고 생각하는 미래지향적인 자세와 나와 타인 모두 납득이 가는 답이 나올 때까지 생각에 생각을 거듭하는 끈기가 필요합니다.

따라서 IT 컨설턴트에게는 지적노동을 싫어하지 않고 생각하는 것을 좋아하는 사람이 잘 맞습니다. 실제로 컨설턴트 중에는 일상적인 문제에 대해 블로그로 자신 나름의 해결책을 올린다거나 다른 팀의 문제에도 관심을 가지고 같이 생각해 보고 싶어하는 타입의 사람이 적지 않습니다.

또한, 정리를 잘하는 사람이 잘 맞습니다. IT 컨설턴트는 자신의 머릿속을 항상 정리해두지 않으면 안 됩니다. 그러기 위해서 먼저 눈앞에 보이는 물건, 예를 들어 책상 위나 컴퓨터의 폴더를 정리하는 습관이 몸에 밸 필요가 있습니다.

* 공부를 열심히 하고 가르치는 것을 좋아하며, 누구에게라도 배우려는 자세

IT 컨설턴트는 IT에 강한 관심을 가지고 항상 새로운 지식을 보충하지 않으면 안 됩니다. 그것뿐만이 아니라, 고객이 속한 업계나 업무지식, 새로운 컨설팅 기법에 대해서도 항상 공부하는 자세가 필요합니다. 어쨌든, 많은 분야에 대한 폭넓은 관심을 가지고, 공부를 좋아하는 자세가 필요합니다.

IT 컨설팅 세계에서는 지식의 양은 곧 물건을 의미합니다. 따라서 연수수강이나 전문서 구매, 연구회참가 등 자기투자와 누구에게라도 배우려는 자세를 빼놓을 수 없습니다. 그리고 배우고 익힌 지식의 중요한 포인트를 정리해서 체계화하여 사용할 수 있는 정보로 만드는 것도 중요합니다. 또한, 그것을 다른 사람에게 가르치면 자신도 깊게 이해하게 되고, 사람들에게 전하는 방법의 훈련도 됩니다.

하지만 습득 가능한 지식의 양은 한계가 있습니다. 잘 나가는 IT 컨설턴트는 자신의 부족한 지식이나 노하우를 보완하기 위해 다른 분야의 전문가와 인맥을 맺는 일도 중요시합니다.

엄격하게 따지면 IT 컨설턴트와 데이터 아키텍처 전문가는 조금 성격이 다른 분야의 일을 한다. 하지만 데이터 아키텍처 전문가도 IT 컨설팅을 하고 IT 컨설턴트로서 활약한다는 관점에서 본다면 위의 내용은 분명 일을 잘하는데 도움이 될 만한 내용이다.

PART 4

데이터 아키텍처 전문가가 되는 방법

19. 데이터 아키텍처 전문가가 되기에 적합한 커리어패스는?

2006년에는 세 개의 회사에 다녔다. 절대 의도한 일은 아니었다. 대학을 졸업하고 첫 직장에서 4년 3개월 일하고 1년 동안 일본 어학연수를 다녀온 뒤 두 번째 직장에서도 4년 넘게 일했다. 입사 이후로 프로그램 개발과 설계 그리고 PL(Project Leader) 업무를 수행했다. 데이터를 전문으로 하는 업무로 전향하고 싶었지만, 그 방법을 잘 알지 못했다.

아이 때문에 퇴직하고 4개월여를 쉬다가 다시 일해볼까 하고 스카우트라는 구직 사이트에 경력을 올렸다. 1주일도 되지 않아 괜찮은 제안이 들어왔다. 회사는 이제 설립되어 직원이 겨우 4명인 쉽게 말해 인력장사를 하는 작은 회사였다. 하지만 일이 무척 마음에 들었다. 당시 아시아 최대 규모 프로젝트라고 불릴 정도로 많은 인력이 투입된 모 통신사의 차세대 마케팅 시스템 구축 프로젝트였다.

내가 맡게 된 일은 ITSM이라는, 프로젝트 진행을 보조하는 작은 시스템의 DBA 겸 PL/SQL 프로그램 작성책임자였다. ITSM은 전체 프로젝트의 표준화를 담당하는 시스템이기도 했다. 마침 DBA 업무와 표준화 등 DA 관련 업무를 하고 싶었는데 적당한 일을 맡게 된 것이다. 운이 좋았다. 10개월 동안 많은 경험을 쌓으며 즐겁게 일했다.

프로젝트에서 맡은 일은 끝냈지만 회사는 나와 추구하는 방향이 달라 그만두게 되었다. 프로젝트에 참여한 다른 업체로부터 같이 일하자는 제안도 많이 받았다. 이직한다고 하니 헤드헌터인 친구가 데이터 전문 업체에 원서를 내보자고 제안했다. 면접까지 갔지만 떨어지고 또 다른 친구가 좋은 회사라며 소개해준 탄탄한 중소업체로 이직했다. 그곳에서 4개월짜리 프로젝트의 PL을 맡아서 신나게 일했다. 그때는 왜 그리 일이 재미있던지 아침 7시에 회사에 출근한 적도 있다. 같이 일하는 사람들도 너무 마음이 잘 맞고 좋은 사람들이었다. 일도 처음 해보는 홈페이지 개발 업무라 웹 프로그래밍도 접해 보고 무척 재미있었다.

프로젝트가 마무리될 무렵 앞서 면접 봤던 DA 전문 업체에서 연락이 왔다. 사람이 급하게 필요한데 입사하면 안 되겠냐는 것이다. 그래서 본의 아니게 1년 간 무려 3개의 회사에 적을 두게 되었다.

DA 전문회사에 입사하기를 희망하는 사람들이 많이 물어보는 것 중의 하나는 어떤 경력을 쌓으면 입사할 수 있느냐는 것이다. 일단 개발 경험이 있어야 한다. 내가 다닌 DA 전문회사의 경우, 2006년 내가 입사할 당시만 해도 경력 5년 이하 직원을 아예 뽑지도 않았다. 최근에는 신입도 간간이 들어간다.

하지만 솔직히 개발 경험이 없으면 DA 일을 하는 데 문제가 많다. 몇 년 전에 같이 일했던 직원은 DBA 경력만 5년 정도고 개발 경험이 전혀 없었다. 같이 프로젝트에 나갔는데 아주 쉬운 모델도 이해를 못했다. 모델을 보고 코딩을 해 본 경험이 전혀 없었기 때문이다. 개발은 반드시 경험해봐야 하고 적어도 3년 이상이어야 한다.

DBA 경력만 있으면 좀 문제지만 개발 경험노 있고 DBA 경력까지 있다면 DA 전문가로 발전하는 데 가장 좋은 조건을 갖춘 것이다. 모델링을 한다 해도 기본적인 DBMS에 대한 지식은 필수다. 내 경우도 비록 10개월이지만 DBA를 경험했고 개발 경력도 8년이 넘으니 커리어 패스 면에서는 양호한 편이었다. 더군다나 DBA를 하면서 프로젝트의 특성상 표준화에 대한 지식도 갖출 수 있어서 DA 전문회사에 들어가면서 전 회사의 업무 경험이 많은 도움이 되었다.

DA 경력을 DA 관련 회사에 들어가기 전에 쌓기는 사실 쉽지 않다. 물론 규모 있는 회사는 전문적인 DA팀이 구성되어 있어 그런 부서에서 일했다면 이야기는 다르다.

예전에 같은 회사에서 일했던 한 후배도 개발자에서 어떻게든 DB 쪽으로 커리어를 전향하고 싶은데 잘 안 된다는 하소연을 했다. DBA가 되려고 해도 이 또한 쉽지 않다. 일단 일 자체가 많지 않고 일을 하려면 경험이 있는 사람을 찾는데 첫 번째 경력을 쌓는 일이 쉽지가 않다. 그 친구는 몇 번 시도하더니 이제는 지쳤는지 별다른 노력을 하지 않고 여전히 개발을 하고 있다. DBA도 이런 사정이니 DA 전문가는 더 말해 무엇하겠는가. 내가 이 글을 쓰는 이유도 이런 답답한 상황에 있는 분들에게 작게나마 도움을 주기 위함이다.

20. 지금 다니는 직장에서 DA 전문가 역할을 한다

DA 전문가가 되기 위해 꼭 이직하거나 데이터 전문회사에 들어가야 하는 것은 아니다. 지금 IT업계에서 시스템을 담당하고 있다면 자신이 지금 관리하는 시스템에 DA 전문가가 하는 일을 스스로 적용해보는 것이 어떨까. 물론 독학을 해야 하기에 어려움은 많지만 못할 것도 없다고 생각한다.

회사 내 시스템을 개선해야 할 일이 생겼을 때 외부 DA컨설턴트와 함께 일하는 기회를 스스로 만들어도 좋다. 물론 윗선이나 관계되는 사람들의 합의를 끌어내야 할 것이다.

실제로 DA 컨설팅 일을 하면서 가장 기분 좋을 때는 고객이 우리의 가치를 알고 불러주는 경우다. 이런 경우 대부분 고객이 DA에 관심이 많고 프로젝트 수행 시에도 물심양면으로 큰 도움을 주기 때문에 프로젝트가 원활하게 잘 진행된다.

21. DA전문 컨설팅 회사에 입사한다

사실 가장 바람직한 경우다. 자신의 능력과 경력을 쌓기에는 이 방법이 가장 좋다. 내가 입사할 당시에 프리랜서로 DBA 업무를 하던 분인데 오라클에 관한 책도 쓴 대단한 실력자 한 분이 같이 입사했다. DA 전문가가 되기 위해 프리랜서 시절의 고액 연봉도 포기하고 입사했다. 배우고 성장해야 할 시기에는 돈보다 일이나 경력을 보고 직장을 선택해야 한다. 지금 이분은 회사에서 인정받으며 프로젝트 PM으로 큰 활약을 하고 있다. 대기업 출신, 유명 포탈 업체 출신들도 입사하는 예가 있었다.

한가지 고려해야 할 사항은 DA 전문회사는 대부분 규모가 작다. 사실 개인이 창의성을 발휘하는 데는 작은 기업이 좋다. 하지만 한국은 워낙 대기업 선호이고 이름있는 회사를 좋아하는 경향이 있다. 그래서 일을 어느 정도 배우면 대기업으로 이직하는 경우도 많이 봤다. 물론 다른 사정도 있었을 것이다. 5년 정도 근무한 여자 후배도 이름이 알려진 게임회사로 이직하면서 하는 말이 "누구나 이름을 아는 회사로 이직하니 부모님이 좋아하세요"라고 말해서 역시 한국의 대기업, 이름 있는 기업 선호가 대단함을 느꼈다. 이직할 때 DA 전문회사에 다녔다는 것은 꽤 좋은 경력이 되는 듯 하다. 이직한 직원들은 대부분 남이 보기에 번듯한 회사에 들어갔다. 예를 들면 네이버, 오라클, 대기업 계열사, 게임회사 등이었다.

나는 앞서 언급했듯 헤드헌팅으로 DA 전문회사에 입사했는데 나를 담당했던 헤드헌터가 "언니, 한 5년만 다니시고 이직하세요. 제가 알아봐 드릴께요"라고 말했던 것이 기억난다. 몸값이 많이 오른다는 이야기다. DA 컨설팅을 하는 전문회사에 재직한 경력은 분명 커리어패스에 큰 도움이 된다.

22. DA전문 회사 입사 시 유리해지는 방법

어느 시점부터 회사에서는 공채를 꺼리기 시작했다. 헤드헌팅으로 들어온 사람도 문제를 일으키거나 너무 일을 못 해 회사에 손해만 끼치고 퇴사하는 경우도 종종 생겼다. 아무리 심층 면접을 하고 시험을 쳐도 실제 입사 후 일을 시켜보면 일을 못 하거나 사람들과 마찰을 일으키는 경우가 있었다. 그러다 보니 회사 윗선에서 "일 잘하는 사람 알면 추천 좀 해봐라"라는 말을 많이 했다. 같이 일을 해보면, 정말 딱 반나절 정도만 같이 일해봐도 그 사람이 성격이 어떤지, 일을 잘하는지 파악이 된다. 너무 짧다고? 회삿밥 17년 정도 먹으면 눈치가 아주 빨라져서 그 정도는 금방 알 수 있다.

이 이야기를 하는 이유는 기회가 왔을 때 잡으라는 이야기다. 사람들은 공채 같은 정공법만 생각하지만, 기회는 도처에 있다. DA 컨설턴트가 되고 싶은데 도무지 방법을 모르겠다는 메일을 가끔 받는다. 참 좁은 문이고 입사가 쉽지 않다. 일단 꾸준히 공부하고 기회를 기다리는 것이 좋다고 생각한다. 그리고 간절히 원하면 뜻하지 않게 기회가 생기기도 한다.

혹시 새로 시작하는 프로젝트에 DA 컨설팅 업체가 들어오면 그 사람들하고도 친해지는 것이 좋다. DA 컨설팅에 대한 알짜 정보, 최신 트렌드 소식도 들을 수 있고 일을 잘하면 그들이 관심을 가지기도 한다.

나도 같이 프로젝트를 하던 다른 회사 직원이 DA에 관심이 있고 입사를 원해서 회사에 추천, 입사까지 하게 된 경험이 있다. 당시에 이 직원은 굉장히 적극적이었고 일도 잘해서 눈에 띄었다. 본인이 노력해서 기회를 잘 잡은 것이다.

운도 좋았던 것이 비록 직원의 추천을 받았다 해도 서류심사, 시험, 면접이 줄줄이 있는데 당시 회사에 인력이 급하게 필요한 상황이라 이 직원은 좀 더 쉽게 입사할 수 있었다. 심지어 가장 난코스로 불리는 사장님 면접도 안 보고 입사해서 나중에 이 사실을 안 다른 직원들이 많이 부러워하기도 했다.

실제로 조금 슬픈 이야기지만 대기업이 참여한 프로젝트에서 프로젝트가 끝나고 나면 같이 일했던 중소업체의 인력이 회사를 많이 그만둔다. 그들이 어디로 가느냐 하면 같이 일하던 대기업에 스카우트 된 것이다. 일 잘하는 사람을 대기업에서는 보고 그냥 넘어가지 않는다. 당장 회사에 사람이 필요하면 그 사람들을 접촉해서 데려간다. 내가 일을 잘하고 성실하면 기회는 항상 열려있다. 물론 일 시킬 만 하면 사람을 빼앗기는 중소기업은 입이 쓰지만 말이다.

내가 일했던 회사에도 소개로 들어온 사람들이 상당히 많았고 그런 사람들은 다 일을 잘했다. 일을 못하거나 인격적으로 문제가 있는 사람이 소개를 받아 들어올 확률은 상대적으로 낮다.

DA 전문 업체에 입사할 때 유리한 다른 방법으로는 어학을 잘하면 좋다. 회사가 일본이나 중국 등 해외에 진출하는 경우도 있기에 해당 언어를 잘하면 상당히 유리하다. 또 오라클 외에 다른 DBMS를 많이 다루어 본 경험은 아주 요긴하게 쓰인다. 상대적으로 희소가치가 높기 때문이다. DB2나 SQL Server 등을 잘 다루면 좋다.

23. 일 잘하는 사람을 벤치마킹하자

나의 신입사원 시절은 잿빛이었다. 일을 잘 못 해서 무척 고생했던 기억에 아직도 가슴 한켠이 아리다. 시키는 일만 잘하는 스타일이었다. 일에 자신 없는 상태, 내가 왜 이러고 사나, 그런 상태가 7년 이상 지속된 끔찍한 기억. 그래도 계속 일을 한 걸 보면 나도 꽤 인내는 있는 편인가보다.

항상 일에 대해 자신이 없다가 데이터 아키텍처 전문가로 일하면서 회사에서 인정도 받고 고객에게 칭찬도 많이 받았다. 무엇보다 일이 너무나도 재미있었고 하루하루 새로운 것을 배워나간다는 자부심이 있었다.

유홍준 교수가 말했듯 '인생도처유상수'. 인생 곳곳에는 고수들이 포진해 있다. 사실 지금 내 실력도 욕은 안 먹을 정도지 스스로 아주 만족할 만한 수준이 아니다.

주변에 일을 굉장히 잘하는 동료나 선배, 아니면 후배가 있는가? 그 사람들은 어떤 특징이 있는가? 이런 사람들을 잘 관찰하고 그들의 장점을 내 것으로 받아들이는 자세는 무척 중요하다. 한번은 회사에서 일 잘하기로 소문난 선배와 일을 같이 하게 되었다.

모든 후배들의 희망 사항은 잘 나가는 선배와 함께 일하며 하나라도 더 배우는 것이 아니겠는가? 나도 대부분의 경우 후배들을 가르치는 입장이지만 아주 가끔 선배와 일을 하는 영광을 누렸다. 그 선배가 어떻게 일을 아주 잘한다는 평을 듣게 되었는지 열심히 관찰했다. 이 선배는 데이터 아키텍처의 여러 분야 중 특히 데이터 모델링을 잘한다고 인정받고 있었다.

4개월여를 함께 프로젝트하며 관찰한 선배가 일 잘하는 비결은 다음과 같다.

첫째, 일을 많이 한다. 이 선배는 화장실도 자주 안 갔다. 정말 온종일 모니터만 눈이 빠지게 쳐다보고 일했다. 솔직히 이런 사람은 아주 드물다. 일단 일에 시간 투자를 많이 하니 결과가 좋을 수밖에 없다.

둘째, 관련된 자료를 엄청나게 많이 검토하고 업무에 대한 공부를 많이 한다. 이건 다음 장에서도 언급하겠지만 일에 대해 엄청나게 파고드는 열성이 중요하다. 자료가 네 종류 있으면 비슷비슷해도 다 볼 정도로 열정적이었다. 아침마다 출근 시간에 열심히 봤다면서 업무 자료를 줄줄이 가방에서 꺼냈다. 무슨 매뉴얼 같은 것도 다 읽어댔다.

셋째, 약간은 자만심을 가져라. 선배가 하는 말이 "그래도 고객한테 우리가 뭘 보여줘야 하지 않겠느냐" 이런 말을 많이 했다. 세스 고딘의 『이카루스 이야기』에는 이런 말이 나온다. '자만하라', '자기 자신을 드러내라'라고 말이다. 이 말은 도전하라는 말과도 통한다. 주어진 일을 그냥 하기보다는 "뭔가 보여주겠다, 같은 일을 해도 좀 다르게 해보자" 이런 의지를 가지고 진행하면 더 좋은 결과가 나오는 것이 당연지사다. 스스로에 대해 기대치를 높게 잡고 그 목표를 향해 거침없이 달렸다. 일에 대한 열정이 있었다. 결론적으로 약간 일 중독이긴 했다. 일을 열심히 잘 하는 것과 일중독의 경계를 정확하게 나누기는 힘들지만 하여간 "피하지 못하면 즐기자 주의"라고 본인도 말했다. 이 선배와 같이 일하면서 많이 배웠고 스스로 부족한 부분이 무엇인지 반성하는 계기도 되었다.

주변에 일 잘하는 사람이 있다면 그냥 '일 잘하네!' 하고 넘어가지 말고 반드시 열심히 관찰하고 배울 점이 없는지 잘 생각해보자. 이런 일이 반복되면 어느 순간 나의 실력도 내가 따라가고 싶었던 그 사람들만큼 좋아져 있지 않을까?

PART 5

데이터 아키텍처 전문가의 조건, 어떤 역량을 갖추어야 하나?

24. 관련 지식을 미친 듯이 흡수해야 한다

입사했을 당시 몇 개월씩 차이는 있었지만 비슷한 시기에 많은 사람이 입사했다. 당연히 모두 경력 사원이었고 대부분 나보다도 경력이 긴 IT업계 선배들이었다. 내가 갓 입사해서 본사에서 대기하는 동안 입사 이후 첫 프로젝트를 마치고 들어온 동료들과 담소를 나눴다. 튜닝 프로젝트를 다녀왔는데 회사에서 제일 잘하는 분과 다녀와서 많이 배웠다고 했다. 당시에 DA 업무 경험이 전혀 없었던 나로서는 무척 부러웠다.

"워낙 일을 잘하시기에 여쭈어봤어요. 어떻게 하면 튜닝을 잘할 수 있느냐고 말이에요. 그랬더니 하는 말씀이 오라클 메뉴얼을 몇 번 정독하셨다는 거예요. 그러면 된다고…"

나는 이 이야기를 듣고도 오라클 매뉴얼이나 튜닝관련 자료를 정독하지는 않았지만 몇 년이 지난 후 정말 그 방법이 튜닝에 큰 도움이 되었으리라는 확신을 할 수 있었다. 일단 튜닝이든 모델링이든 특정 분야에 대해 전문가 수준이 되려면 가능한 한 모든 정보를 모아서 열심히 공부해야 한다.

물론 이것만으로는 부족하다. 여기에 실전 경험이 더해져야 할 것이다. 앞에서도 언급한 '암묵적 지식'을 쌓아야 한다. 이 암묵적 지식은 '경험지식'이라고도 불린다. 또한, 이 암묵적 지식이 쌓이면 우리가 그토록 갖추기를 원하는 사고력, 창의력 그리고 문제해결능력이 발달한다.

모델링이나 튜닝이나 일단 일에 대한 많은 정보를 접하고 공부를 한 다음 실전을 경험한다면 미리 공부하지 않고 실전부터 접한 것보다 훨씬 효율이 높을 것이다.

하지만 모델링은 모델링 방법을 알고 있다고 해서 잘할 수 있는 일은 아니다. 이런 점 때문에 모델링을 하는 컨설턴트들이 이렇게 말한다. "모델링 능력은 그

한계가 없다"라고. 이 부분에 대해서는 이화식의 『데이터 아키텍처 솔루션 1』에 자세히 나온다. 이 책에서는 이렇게 말한다.

"데이터 모델링은 방법을 알고 있다고 해서 쉽게 적용할 수 있는 것이 아니다. 어쩌면 방법 이전에 지금까지 자신이 인생을 살면서 직, 간접적으로 터득해 왔던 많은 경험과 사고능력, 판단력, 적극성 등이 더 필요할지도 모른다. 이런 의미에서 필자는 모델링을 단순한 '방법의 습득 차원'이 아닌 '사고능력의 개발 차원'에서 접근해야 한다고 믿는 사람이다."

모델링 프로젝트에 나가면 현업 담당자들이 아는 지식, 그리고 각종 문서 등 기존에 존재하는 모든 자료를 보고 열심히 공부해야 한다. 몇 주 업무 분석을 열심히 하다 보면 수년을 그 업무만 했던 담당자만큼 업무에 해박해지기도 한다.

이렇게 해당 업무를 다 파악하는 것은 시작에 불과하다. 기존 데이터 모델의 문제점을 찾아서 업무에 최적화된 최상의 모델을 제시해야 한다. 단순한 기계적인 작업이 아니라 분석력, 종합력, 판단력, 논리력, 그리고 그간의 다양한 업무 경험이 어우러져야만 만족할 만한 결과를 낼 수 있는 분야이다.

이러한 능력은 문서로 만들 수도 없고 기계가 대신할 수도 없다. 그렇기에 모델링은 앞으로도 유망한 직종이다.

25. 커뮤니케이션 능력이 있어야 한다

데이터 아키텍처 컨설턴트는 단순히 데이터를 연구하는 사람이 아니다. 고객의 정보시스템에 있는 문제를 고객이 만족할 수준으로 해결하는 것을 목적으로 한다. 당연히 고객과의 커뮤니케이션, 동료와의 커뮤니케이션, 그리고 현장에서 일하는 모든 사람과의 커뮤니케이션이 중요하다. 이러한 능력의 차이가 컨설팅 결과의 차이로 나오는 것은 당연하다. 하지만 같이 일하는 사람과의 커뮤니케이션은 생각보다 그리 쉽지는 않다. 고객, 현업과 일을 하려면 그들을 이해시켜야 하는 일도 많다. 예전에 일했던 모 사이트는 고객이 굉장히 까다로웠다. 고객이 어떤 성향인지 너무나도 잘 알고 있어서 긴장하고 있었는데 하필이면 우리 파트의 프로젝트 리더가 갑자기 회사를 그만두었다. 2주 후에 급하게 보고해야 할 사안이 있었는데 결국 내 발등에 그 책임이 떨어졌다. 고객이 어떠한 점을 궁금해하고 우리는 어떻게 대처하고 있다는 자료를 만들고 프리젠테이션을 하는데 굉장히 떨렸다. 고객의 성향을 잘 알고 있었고 회의 때마다 고객이 어떤 부분에 관심을 가지는지 유심히 관찰한 덕에 좋은 평가를 받고 잘 지나갈 수 있었다.

컨설팅의 주요 업무 중 하나는 항상 고객의 의견에 귀를 기울이고 이를 다시 정리해서 고객에게 안을 제시하고 고객이 이해할 때까지 설명하는 일이다. 이런 일의 반복이다. 어떤 사람은 "고객이 우리가 하는 일을 다 이해 못 해도 되지 않을까?"라고 말하지만 절대 그렇지 않다. 고객의 시스템을 고객 스스로 최적화하여 사용하게 하려고 비싼 돈 주고 컨설팅을 받는데 어떻게 고객이 이해를 못 하고 넘어갈 수 있겠는가. 의사소통은 굉장히 중요하다. 일이 이렇다 보니 익숙하지 않은 초보들이나 다른 분야 일을 하다가 입사한 경력 컨설턴트들이 힘들어하는 경우를 많이 본다. 데이터 아키텍처 전문가는 전문가이기도 하지만 컨설턴트라는 사실을 명심해야 한다.

26. 청취력, 문맥력, 절차력이 있어야 한다

초보 컨설턴트 시절, 정확하게 2007년 초였다. 모 대기업 컨설팅 회사와 같이 일했는데 내게는 새 직장에서의 첫 프로젝트였다. 하루는 회의에 들어갔는데 컨설팅 회사의 막내 사원이 노트북으로 회의 내용을 들으며 열심히 타이핑했다. 일종의 서기 역할인 셈이다. 그때만 해도 컨설팅에 대해 뭘 잘 모르던 시기라 '우리가 말하는 것을 다 타이핑 한단 말인가? 그럴 필요까지 있을까?'라고 생각했다. 나 말고 같이 회의에 참석했던 다른 동료도 그렇게 생각했던 것 같다.

하지만 9년이 지난 지금은 절대 그렇게 생각하지 않는다. 도리어 이제는 다른 업체와 회의에 참여할 때, 아무도 열심히 적거나 타이핑을 하고 있지 않으면 도리어 '이래도 되나?' 라는 의문이 든다. 회의 내용이 중요하다면 더더욱 그런 생각이 든다. '왜 완벽하게 필기하지 않는가?'라고 말이다.

모델을 분석하기 위해서는 담당자와의 인터뷰가 필수다. 9년 전, 처음 담당자와 인터뷰할 때는 도저히 상대방의 말을 다 필기할 수가 없었다. 솔직히 말하면 70% 정도밖에 정리하지 못했던 것 같다. 적어 놓은 것도 엉망이라 자신이 적어 놓고도 도대체 무슨 말인지 한참을 생각해야 했다. 결국, 나중에 다시 물어봤다.

하지만 지금은 고객과의 인터뷰 내용은 100% 필기를 한다. 필기하는 방법은 수기는 아니고 컴퓨터에 엑셀을 띄워 넣고 들으면서 적는다. 거의 녹음기처럼 적어야 한다. 정리는 나중에 하면 되기 때문에 정해진 형식은 없지만 반드시 하나도 빼놓지 않고 다 적어야 한다. 예전에 만났던 그 컨설팅 회사 직원도 분명 이런 방법을 썼을 것이다. 젊지만 유능하고 친절한 사람이었던 것으로 기억한다. 어떤 사람들은 중요한 회의가 열리면 고객에게 양해를 구하고 스마트폰 등으로 녹음하기도 한다. 필기에 자신이 없으면 이 또한 좋은 방법이다. 하지만 이 방법에는 문제가 한 가지 있다. 나는 녹음하는 방법은 사용하지 않는다.

"메모를 녹음기에 맡겨버리면 나중에 녹음테이프를 다시 한 번 들어야만 한다. 녹음테이프는 사용하기에 번거로운 것이, 재생할 때에도 녹음할 때와 동일한 시간이 필요하다는 점이다. 가벼운 인터뷰만을 하는 사람들은 그래도 상관없을지 모르지만 내 경우는 네다섯 시간에 걸친 인터뷰가 드물지 않다. 네다섯 시간에 걸쳐 들은 이야기를 다시 한 번 네다섯 시간에 걸쳐 새로 들어야 하는 것은 고통이다."

- 다치바나 다카시, 『지식의 단련법』 P.83~84

책에서 이야기하는 내용을 조금 더 요약하자면 네다섯 시간에 걸쳐 들은 이야기 중에서도 진짜 기록할 가치가 있는 것은 그중 10분의 1 정도기 때문에 필기를 잘하면 다섯 시간의 인터뷰 메모를 다시 읽는 데 30분도 안 걸린다고 한다. 즉, 사후 처리의 능률은 메모 쪽이 압도적으로 높은 것이다.

또 녹음기를 쓰면 긴장이 풀어져서 메모하는 손이 느슨해지는 단점도 있다. 다치바나 다카시는 책에서 "초심자가 녹음기 없이 메모하는 훈련을 충분히 쌓지 않고 처음부터 녹음기를 사용하면 평생 메모 능력을 획득하지 못할 것"이라고 일침을 놓는다.

우리가 모두 인터뷰를 해야 하는 직업을 가진 것은 아니지만, 일반 회의 정도는 거뜬히 쉽게 메모하는 능력을 길러야 한다. 또한, 중요한 정보를 놓치지 않고 듣고 이해하는 청취력은 사회생활에 필수요소다.

보통 업무상 인터뷰를 두세 시간 하는데 녹음은 아무 의미가 없다. 바로 적고 정리하면서 물어보고 그 자리에서 이해하고, 인터뷰가 끝난 다음 바로 텍스트를 정리하면 시간이 엄청나게 절약된다. 다시 들을 여유 같은 건 없다. 그 자리에서 들어서 전혀 이해가 안 가는 내용이라면 다시 음미해야 하니 녹음하는 것도 나쁘지 않다. 대부분의 경우 이해가 안 되면 그 자리에서 이해될 때까지 인터뷰 당사자에게 물어본다. 업무에 대한 설명을 듣고 바로 이해를 못 한다면 그것도 능력 부족이다. 모르면 물어보는 것이 최고다. 창피해 할 필요도 없다. 어차피 일을 잘하기 위한 과정이기 때문이다. 일하는 능력이 떨어지는 사람 중에는 모르면서도 아는 척하느라 아까운 시간을 낭비하는 경우가 많다.

중요한 회의를 하면서 필기를 제대로 하지 않는 사람이 있다면 그 사람은 바로 "나는 프로가 아니다"라고 말하는 것과 같다. 얼마 전 프로젝트를 하면서 같이 일한 업체 직원은 인터뷰에서 나온 내용을 나중에 완전히 잊어버리거나 아주 엉뚱하게 이해하고 있어서 원활한 프로젝트 진행에 큰 걸림돌이 되었다.

회의시간에 집중해서 필기하는 습관만 잘 익혀도 일하는 능률이 몇 배 이상 올라갈 것이다. 우리가 모두 속기사가 될 필요는 없지만 한 번쯤 이런 능력을 길러본다면 절대 후회하지 않을 것이다.

다음은 문맥력과 절차력에 대해 이야기해보자. 일본 대학교수이자 유명 저자인 사이토 다카시는 살아가는 데 가장 중요한 두 가지 능력으로 이 문맥력과 절차력을 꼽았다.

문맥력이란 '글의 맥락을 잡아내는 능력'이란 말로, '어떤 줄거리로 이야기가 진행되고 있으며', '누가 어떤 생각을 가지고 있는지 파악해 내는' 능력이다. '지금까지의 이야기 흐름', '그 자리에 있는 사람들이 어떻게 생각하고 있는지', '어떤 가치관을 가지고 있는지', 그런 사항들을 읽고 그에 따라 행동하는 능력이다. 쉽게 말해 '분위기 파악을 잘 하는 능력'이다.

DA 업무를 잘하려면 이 문맥력이 필요하다. 인터뷰할 때도 필요한 능력이지만 프로젝트를 진행하면서 고객, 협력업체, 동료들과의 관계나 업무적인 일 처리에서도 문맥력은 필요하다. 일을 잘하기 위해서는 프로젝트 내에서 수많은 사람과 상호작용하며 끊임없이 분위기를 파악하고 어떻게 행동할 것인가 판단해야 한다. 이 문맥력을 갈고닦는 데 최적의 훈련이 문장 독해라고 한다.

절차력은 일을 처리해 나가는 데 필요한 능력이다. 어떤 문제를 해결하고자 할 때, '지금 무엇이 문제이며', '그것을 해결하려면 무엇을, 어떤 순서로 해 나가야 하는지'를 먼저 판단할 수 있어야 하는데 일을 잘하는데 중요한 능력이다. 이 절차력을 기르기 위한 가장 좋은 방법은 수학 응용 문제의 지문을 해독하는 연습이라고 한다.

컨설턴트가 아니더라도 듣고 이해하고 정리하고 분석하는 능력, 분위기를 잘 파악해서 적절히 행동하며 일을 절차에 맞게 잘 진행하는 능력은 직장인의 기본이며 일을 잘하기 위한 굉장히 중요한 능력임이 틀림없다. 특히 DA 컨설팅을 하고 싶다면 꼭 몸에 지녀야 하는 능력들임을 명심하자.

27. 프로그램 개발 경험이 있어야 한다

앞서도 언급했듯 10개월 동안 한 프로젝트의 DBA 겸 PL/SQL 개발자로 일했던 경험이 있다. 설계는 모 다국적 컨설팅회사 직원들이 맡고 개발자가 프로그래밍으로 시스템을 구현했다. 그런데 컨설팅 회사 리더가 일을 하면서 개발자들과 많은 갈등을 빚었다.

한번은 회의에서 큰 논쟁이 벌어져서 개발자 중 나이가 많은 분이 반박하자 "감히 개발자가 어디…"라는 발언을 하는 바람에 난리가 났었다. 나도 충격을 받았다. 같이 일을 하는데 컨설턴트나 설계자가 개발자보다 신분이 높기라도 한단 말인지, 정말 어이가 없었다.

아이러니한 것은, 같이 일하던 개발자들도 평소에 컨설턴트들을 아주 우습게 봤다는 사실이다. 가장 큰 이유가 바로 컨설턴트들이 프로그램 개발 경험 즉 '코딩'을 해본 적이 없다는 사실이었다. 솔직히 컨설턴트들의 설계 수준이 형편없지는 않았지만 아쉬움이 없는 것은 아니었다. 페이스북의 설립자인 주커버그도 말하지 않았나. "페이스북을 창업하고 우리가 뭐 대단한 것 한 줄 아는데 앉아서 코딩했습니다. 온종일~"이라고. 코딩이 모든 것의 시작이었다고 말이다.

빌 게이츠도 사람들이 스티브 잡스와 자신을 비교하면 항상 "나는 엄청난 양의 코딩을 해봤다"라고 말하며 자신과 스티브 잡스를 차별화한다고 하지 않는가. 코딩을 해 본 사실에 큰 자부심을 느끼는 것이다.

내가 다닌 회사에서도 입사할 당시만 해도 신입은 뽑지도 않더니 최근 몇 년간은 신입이 입사하는 경우도 가끔 생겼다. 대학이나 대학원을 갓 졸업한 신입도 있었는데 나는 솔직히 이런 경우는 회사에도 그 사람에게도 별로 좋지 않다고 생각한다. 특히나 DA 전문가는 데이터 전반을 아우르는 지식을 가지고 일을 해야 하며 주로 상대하는 사람들이 개발자 출신이다. 웬만한 기업의 전산 담당자 중에 코딩을 안 해 본 사람이 있을까? 그런데 개발 한번 안 해 본 컨설턴트가 업무를 잘 이해하고 상대방을 이해시킬 수 있을지 의문이다.

웹프로그래머 출신인 회사 동료 컨설턴트가 있었는데 나는 정말 그 사람이 부러웠다. 웹 프로그램의 특성을 잘 아니 같이 업무를 진행하는 프로그래머들과 말도 잘 통하고 심지어는 코딩에 훈수까지 두고 있는 것이 아닌가? 가끔 모델을 잘 이해 못 해서 힘들어하는 개발자도 있는데 이런 사람들에게 모델 보는 방법도 알려주고 경우에 따른 코딩 어드바이스를 주면 정말 좋아한다. 그다음부터는 컨설턴트를 대하는 태도가 달라진다. 인정을 해 주는 것이다.

예전에 DA가 되고 싶다는 대학생들을 만날 기회가 있었는데 이때도 반드시 개발을 최소한 3년 이상 해 보라고 말해주었다. 그래야 업무에 대한 이해도 빠르고 상황이 전체적으로 어떻게 돌아가는지 쉽게 파악할 수 있다. 사실 아무 경력도 없는 신입사원이 처음부터 DA 업무를 하겠다고 해도 시켜주지도 않을뿐더러 일을 제대로 할 확률이 낮다. 기초부터 차례대로 경험을 쌓는다는 각오로 임하는 것이 개인의 경력 개발을 위해 더 좋다.

28. 최소한 SQL은 자유자재로 쓸 수 있어야 한다

한 취업 준비생이 앞으로 DA 일을 하고 싶은데 어떤 공부를 하면 좋겠냐고 물어서 SQL(structured query language) 정도는 미리 잘 알아두면 좋을 것이라 말해주었다. 관련 자격증도 있는데 따 두면 나쁘지 않을 것이다. IT업계에서 일하면 대부분 관계형 데이터베이스를 사용한다. SQL을 잘 다루어서 데이터베이스에서 내가 원하는 결과를 산출해 낼 수 있을 만큼의 실력은 갖추어야 한다.

데이터 모델링 하는 데 왜 SQL에 대한 지식이 필요하냐고 묻는다면 모델링을 하려면 업무를 정확히 파악해야 하는 데 인터뷰로는 한계가 있을 수 있다. 인터뷰에 응하는 현업 담당자가 업무를 너무너무 잘 알며 관련 자료를 체계적으로 정리, 업무 파악 중인 DA컨설턴트에게 딱 내밀어 준다면 정말 완벽하겠으나 이런 행운은 좀처럼 오지 않는다.

일단 모델링 프로젝트에 들어가면 현업 인터뷰 전에 몇 주 정도 컨설턴트가 업무를 파악할 시간을 가진다. 이때 문서나 기존 ERD 등도 참고하지만, 대부분의 경우 최신화되어 있지 않으며 문서 자료는 빈약하고 거의 없다시피 하다. 가장 믿을만한 것은 바로 데이터다. 고객이 업무에 사용하는 데이터베이스에 접속해서 실제 데이터베이스 구조와 데이터값을 보면서 현재 데이터 상태를 확인하는 방법이 가장 정확하다. 이런 작업을 하려면 최소한의 SQL 작성과 사용방법은 알아야 한다.

29. 자기주도적인 일 처리가 가능해야 성장할 수 있다

"그만두는 그 날까지 만두 라면에 만두가 몇 개 들어가느냐고 묻더라니까."

하루는 회사 근처 분식점에 늦은 점심을 먹으러 갔다가 일하는 아주머니들의 수다를 들었다. 두 달 정도 일하고 그만둔 사람에 대한 일종의 뒷담화였다.

"두 달 일 했는데 어쩌면 일을 그렇게 하냐. 한 열흘 정도 지나면 돌아가는 거다 파악해야지."

일을 너무 늦게 배워서 같이 일하는 분들의 원성을 산 모양이다.

"내가 하도 답답해서 한번은 그랬어. 일 시작한 지가 언젠데 아직도 그런 걸 물어보느냐고. 그랬더니 뭐라는 줄 알아? 사장도 있고 다른 사람들도 있는데 자기가 뭘 다 알 필요가 있느냐는 거야, 참나."

나 말고도 기댈 언덕이 있으니 적극적으로, 주도적으로 일을 안 한 모양이다. 다른 분도 말을 거든다.

"일을 그렇게 하면 안 되지. 그러다가 같이 일하는 파트너가 자리라도 비워봐. 일을 엉망으로 할 거 아니야. 그런 정신으로 일하면 안돼."

그 분식점은 아주머니 네 분이 일하고 있었다. 내가 사는 동네에도 아주머니 세 분이 같이 일하는 분식점이 있다. 두 분식점은 사장은 가끔 나오고 거의 종업원들끼리 있으면서 손발 맞추어 일을 한다. 사장 없이도 일이 돌아가야 하고 상사가 안 봐도 알아서 잘해야 한다. 그러다가 큰 문제가 생기면 윗선에 해결해 달라고 하면 된다. 작은 분식점이나 DA 컨설팅 분야나 일이 진행되는 기본에는 다를 것이 없다.

내가 생각하는 일을 잘하는 사람과 못하는 사람에 대한 기준이 있다. 하는 일도, 지향하는 목표도 다르니 회사마다 사람마다 '일 잘한다'의 기준은 조금씩 다를 것이다. 내가 생각하는 기준은 바로 분식점 아주머니의 생각과 같다.

이 사람이 혼자 프로젝트 나가서 일할 수 있는가, 아닌가다. 분식점에서 다른 동료 없이 혼자 일하고 있을 때도 손님을 완벽하게 접대할 수 있는가와 마찬가지라고 할 수 있다. 리더십과도 연관이 있을 것이다. 조금만 이 이야기를 확장하면 내가 리더가 돼서 일을 진행할 수 있느냐의 문제로 귀결된다.

혼자 일을 나가거나 본인이 리더로 나가면 비빌 언덕이 없어서 처음에는 힘들고 일이 많게 느껴질 수 있다. 하지만 내가 주도적으로 일할 수 있다는 것은 일을 배우는 데 많은 도움이 된다. 아니, 단기간에 확실히 실력을 향상시키고 스스로 성장하기에 이보다 더 좋은 방법은 없다.

사람은 반강제적인 상황이 되었을 때 감추어졌던 에너지가 나온다. 인간의 의지는 모두 알다시피 무척 약하다. 어쩔 수 없는 상황이 되거나 마감이 다가와야 움직인다. 무슨 일이든 이 법칙은 적용된다.

또한, 주도적으로 일을 하면 기술적 지식 외의 다양한 암묵적 지식도 습득할 수 있다. 회사에서 인정 못 받는 사람들은 대부분 혼자 프로젝트 나가는 것을 두려워한다. 스스로 자신감이나 하고자 하는 의욕이 적다. 그리고 윗사람들도 그 사람만 내보내지 않는다. 감당 못 할 것을 미리 다 간파하고 있다. 윗사람들은 모르는 척하면서 모든 것을 다 알고 있다.

예전에 수행했던 프로젝트에서 개발업체의 부장님과 친하게 지냈다. 굉장히 일을 잘하는 분이셨다. 부장님이 업무 설계를 하고 프로그램을 구현하기 위해 프리랜서 개발자가 한 명 들어왔다. 하루는 커피를 마시면서 부장님이 한숨을 쉬셨다.

"저 친구 아무래도 일 시키기 힘드네. 스스로 좀 배우려는 노력은 전혀 없고 너무 니한테 기대. 저래서는 다음에 절대 다시 안 부르는데. 원래 프리랜서들이 일을 잘하는데…."

프리랜서를 할 정도면 실력이 나쁘지 않을 텐데도 스스로 일의 범위를 줄여 버리고 있었다. 설계에 전혀 관여하고 싶어 하지 않고 설계해 놓은 문서를 보고 코딩할 생각만 했다. 이러면 본인의 발전도 없고 평판도 좋을 리 없다. 주도적이냐 아니냐의 문제와도 통한다.

나도 신입사원 때는 윗사람이 시키는 일만 하고 실제 업무가 어떻게 돌아가는지 관심도 없었다. 숲은 보지 못하고 나무만 본 것이다. 그래서 한소리 들었던 기억도 있지만, 당시에는 잘못을 지적해줘도 그게 나 잘되라고 하는 소리인 줄도 모르고 선배만 원망했다. 어리석기 짝이 없던 시절이다. 지금 그때를 생각하면 부끄러워서 고개를 들 수가 없다. 그때 더 적극적으로 열심히 업무를 배웠다면 지금의 나는 훨씬 더 성장해있었을 것이다.

회사 선배 중 한 명은 업무 파악이 정말 뛰어나서 어떻게 그런 능력을 지니게 되었냐 물으니 신입사원 시절, 바로 위의 선배가 갑자기 회사를 나가는 바람에 큰 시스템을 혼자서 거의 다 운영하다시피 했다고 한다. 주변에서도 우려 반 근심 반으로 일단 맡겼는데 본인이 죽기 살기로 열심히 했다고 한다. 덕분에 지금은 타의 추종을 불허하는 업무 파악의 달인이 되어 있다. 앞서도 말했지만, 업무 파악이 빠르면 모델링에 무척 유리할 수밖에 없다.

결국, DA 컨설팅이나 다른 모든 일에 있어 "저 사람 일 잘한다"라는 평가를 받고 싶다면 한 가지만 명심하면 된다. 결국 문제는 주도적이냐, 아니냐. 나는 주도적으로 일하는 사람인지 아니면 시키는 일만 하는 사람인지 한번 잘 생각해보자. 주도적이고 적극적이 되는 순간, DA 전문가로서의 경력도 훌륭하게 쌓

일 것이고 주변 사람들의 달라진 시선도 느낄 수 있을 것이다.

30. 생각하는 힘과 문제해결능력이 가장 중요하다

『이 한 권으로 전부 아는 IT컨설팅의 기본』 원서명: 『この1冊ですべてわ
かる　ITコンサルティングの基本』의 내용을 다시 인용해야겠다. 데이터 아
키텍처 컨설팅도 IT 컨설팅의 일부다 보니 근본적으로 필요한 능력에는 유사한
부분이 상당히 많이 있다. 이 책에는 유용한 내용이 무척 많이 나온다.

이 책의 4장에는 "IT컨설턴트에게 필요한 스킬"에 대해 나온다. 여러 가지 능
력이 필요하지만 가장 중요한 것은 무엇일까? 가장 중요한 스킬, 능력으로 바로
"문제해결력"을 언급한다. 문제해결력에는 세 가지의 요소가 있는데, 문제를 발
견하는 능력인 '문제발견력', 일어난 일을 인과관계에 근거해서 생각하는 능력
인 '논리적 사고력', 그리고 문제의 핵심 요인을 알아내는 능력인 '요인분석력'
이 그 세 가지라고 한다.

왜 이런 문제해결력이 중요할까? 왜냐하면, 기업에 따라 천차만별로 해결해
야 할 문제가 다르기 때문이다. 단순지식이 무용지물인 이유다. 우리가 흔히 말
하는 스펙은 대부분 그냥 지식이다. 이런 단순 지식이 유용하게 사용되는 경우
는 실제 업무 환경에서는 뜻밖에 적다.

A 회사에서 성공했던 방법론을 그대로 B 회사에 적용하여 문제를 해결할 수
있을까? 절대 그렇지 않다. 환경, 조직문화 등 다른 변수가 너무나도 많다. 그럼
이러한 문제해결력을 습득하기 위해서는 어떤 능력을 기르면 될까? 바로 '생각
하는 힘'이 필요하다.

문제해결력을 습득하는데 MECE 등의 사고툴을 배우는 것도 필요는 하지만
더 중요한 것은 생각하는 힘 자체를 갈고 닦는 것이다.

저자는 이 책에서 이렇게 말한다.

"IT컨설턴트뿐만 아니라 컨설턴트라고 불리는 사람들 중에는, 툴을 사용하는 것으로만 일관하고, 고객의 문제 해결에는 전혀 공헌하지 못하는 사람이 적지 않다. 사고툴은 어디까지나 도구일 뿐이고, 그 툴을 사용하는 컨설턴트의 역량에 의해 성과는 크게 좌우된다.

생각하는 힘을 강화하는 것은 하루아침에 될 수 없다. 일상에서 일어나는 모든 일에 대해 표면적이 아닌, 본질적으로 보는 훈련을 계속하는 것이 중요하다. 예를 들어 세상의 상식에 대해서도 정말일까? 하고 의심하고 자신이 검증해 보는 것이 사고력을 단련하는 데 도움이 된다. 또 만약 ~라면, 내가 이 사람의 입장이라면 등 자유로운 시점으로 생각하는 버릇을 들이는 것도 사고력 강화에 연결된다."

또 일상업무에서 숫자를 사용해 생각한다든지, 그림을 그려서 생각한다든지 하는 것도 좋다. 또한, 문제 해결이라는 것은 본질적으로 정보를 정리하는 것이다. IT컨설턴트는 머릿속이 항상 정리되어 있어야 하는데 그러기 위해서는 눈앞의 책상이나 서류를 항상 정리해두는 습관을 들여야 한다.

나가는 글

　일본계 회사에 다니면서 프로젝트를 하던 시절, 같이 일하는 동료 중 한 명은 탁월한 능력의 소유자였다. 프로젝트 시작 전부터 고객사인 일본 모 보험사의 시스템을 운영한 경험도 있었지만, 특유의 꼼꼼함으로 기존 시스템에 대한 파악 능력이 뛰어났다. 일본 담당자들의 신임도 두터웠다.

　문제는 이 사람이 일본 고객들에게는 잘하면서 같은 회사 직원인 우리에게는 그렇게 차가울 수가 없었다는 사실이다. 물론 나를 비롯해 그 사람만큼 일을 잘하고 능력이 뛰어난 사람은 없었지만, 고객 앞에서조차 우리를 무시하는 태도에 나는 적잖이 분노했다. 결국 나는 말도 안 되는 상황에서 일본인 담당자들의 어이없는 요구를 받아들이지 않다가 프로젝트에서 잘려서 귀국했다. 하지만 지금 생각해도 정말 잘했다는 생각이 든다. 나는 그 잘난 동료처럼 일본인들에게 아부하면서 목숨을 보전하고 싶지도 않았고, 동료들을 헌신짝처럼 내버리고 싶지도 않았다.

　많은 일 잘하는 사람들이 이런 오류를 범한다. 뛰어난 사람 눈에는 자기보다 못한 사람이 한심해 보이기도 할 것이다. 하지만 어떻게 이 세상 사람들이 다 뛰어난 능력을 갖춘 슈퍼맨이 될 수 있단 말인가. 우린 항상 남의 입장이라는 것, 약자의 처지를 생각하지 않을 수 없다.

　오다 노부나가. 그의 나이 49세에 일본 최초 통일을 눈앞에 두고 세상을 떠난다. 바로 부하인 아케치의 배신이 그의 야망을 물거품으로 만든 것이다. 야사에 따르면 아케치는 오다에게 면전에서 여러 번 모욕을 당했다고 한다. 천하 통일의 대업을 눈앞에 두고 뜻하지 않은 부하의 배신에 모든 것은 물거품처럼 사라지고 말았다.

우리가 천하 통일의 대업을 눈앞에 둔 것은 아니지만 어떤 말이나 행동을 할 때, 특히 부하 직원이나 동료를 대할 때 상대방이 어떻게 생각할 것인지 딱 3초만 더 생각하자. 우리가 일생의 대부분을 보내는 직장이라는 곳에서 한층 즐겁게 일할 수 있을 것이다.

나가는 글에 잔소리 같은 글을 썼지만 일을 하면 할수록 가장 중요한 것은 사람이라는 생각이 든다. 우리는 능력 좋고 성질 더러운 사람보다 능력은 조금 모자라도 같이 일하면서 웃을 수 있는 사람을 선호하지 않는가? 적어도 나는 그렇다.

DA가 되겠다는 생각을 했다면 일을 잘하고 싶다는 욕망이 있다는 의미다. 내가 일을 잘하면 많은 사람이 행복해지고 스스로 즐거운 것은 당연하다. 내가 어렵게 알아낸 일에 대한 지혜를 공유하도록 하자. 이런 일들이 무한 반복될 때 어느덧 다음 세대는 우리보다 더 아름다운 세상에 살고 있을 것이다.